好学、好用、好玩的
Photoshop

写给初学者的入门书（第4版）

李金明 李金蓉 编著

U0262192

人民邮电出版社
北 京

图书在版编目（C I P）数据

好学、好用、好玩的Photoshop写给初学者的入门书 /
李金明，李金蓉编著. -- 4版. -- 北京 ：人民邮电出版
社，2020.8
ISBN 978-7-115-53060-8

Ⅰ. ①好… Ⅱ. ①李… ②李… Ⅲ. ①图象处理软件
Ⅳ. ①TP391.413

中国版本图书馆CIP数据核字(2020)第066486号

内 容 提 要

你知道吗？Photoshop 并不难学。

本书以人物情景对话的形式，融知识性、趣味性、操作性为一体，能够让大家在学习 Photoshop
的道路上不断地发现惊喜，尽情体验好学、好用、好玩而又神奇的 Photoshop。

书中从愤怒的小鸟、泡泡蜡笔小新、神奇放大镜、阿拉丁神灯、球面全景图、镶嵌了牛奶裙边的
霓裳，到二维动画、3D 可乐罐、隐身人、一只想变成兔子的小猪、鼠绘、特效字、跃然而出的擎天柱、
爱丽丝的魔幻世界……65 个有趣的实例，将 Photoshop 各种功能完美诠释。

想要学 Photoshop CS6 的朋友们，没有基础？不要紧，所有实例都配有教学视频。好了，就先介绍
这些，让我们快快踏上 Photoshop 的奇趣之旅吧！

- ◆ 编　著　李金明　李金蓉
　　责任编辑　张丹丹
　　责任印制　马振武
- ◆ 人民邮电出版社出版发行　　北京市丰台区成寿寺路 11 号
　　邮编　100164　电子邮件　315@ptpress.com.cn
　　网址　https://www.ptpress.com.cn
　　雅迪云印（天津）科技有限公司印刷
- ◆ 开本：787×1092　1/20
　　印张：10.8　　　　　　　　彩插：12
　　字数：341 千字　　　　　　2020 年 8 月第 4 版
　　印数：1 – 2 500 册　　　　 2020 年 8 月北京第 1 次印刷

定价：59.80 元

读者服务热线：(010)81055410　印装质量热线：(010)81055316
反盗版热线：(010)81055315
广告经营许可证：京东市监广登字 20170147 号

前言 PREFACE

写给想要学 Photoshop CS6 的新朋友

LIJINMING

E-mail:ai_book@126.com
有问题就和我联络吧

大家好！欢迎阅读本书。我是李金明，在本书中，这个卡通形象代表我。对了，还有两位朋友，他们会提出很多与 Photoshop 有关的问题来为难我。瞧，现在他们就要发问了。

好多 Photoshop 书像砖头一样厚，而这本书的内容看起来要少很多哦！

Photoshop 的功能非常多，一样样细讲起来，恐怕两块"砖头"都不够呢！本书将 Photoshop 的核心功能和有趣的技术提炼出来，化繁为简，目的是想让大家尽情体验用 Photoshop 创作时那种自由自在的乐趣，这样就不会被一些不常用的功能搞得一头雾水，以至于对 Photoshop 庞大的结构产生恐惧感。学一样东西，最重要的就是要先建立起兴趣，有了兴趣，学起来才能够体会到快乐，任何困难也就不在话下了，对不对？

唉，大部分的书看几页就让人昏昏欲睡。这本书的结构是怎样的，有什么特别之处吗？

本书前两部分突出 Photoshop 好学、好用，是采用实例与软件功能介绍相结合的方式展开的，也就是说，每个实例都是一种软件功能的具体应用，代表了一种技术。每一课的结束部分，我还对经验进行了总结，而且安排了拓展实例，有启发性的提示，大家可以充分发挥想象力和动

手能力，独立完成我布置的任务。第三部分突出 Photoshop 好玩，通过一些有趣的实例，帮助大家提升各种技术的综合应用能力。整本书的 64 个实例涵盖了影像合成、创意设计、视觉特效、数码照片后期、抠图、特效字、鼠绘等应用领域。另外，附录中还有很多有用的知识。

实例看起来蛮有意思的，我想先挑几个来练手。

我不建议这样做。因为实例是按照由浅入深的顺序编排的，符合 Photoshop 学习规律。而跳跃式的学习，例如，你还没有掌握蒙版技术，就去做图像合成实例，会遇到许多困难。"不积跬步，无以至千里"，还是从头开始，扎扎实实打好基础吧！

我大概看了一下，感觉有几个实例好像挺复杂的，我没基础，也能按照操作步骤做出来吗？

这本书虽然定位于初学者，但初学者也要进阶成为高手呀！基于此目的，我在后面安排了一些有难度的实例。但你不必担心，书中前 3 课（01~03）都是针对没有任何基础的初学者的，后面课程的难度也是循序渐进的，况且，所有实例都提供教学视频全程讲解，你又怕什么呢？

学习 Photoshop 有没有什么诀窍呀？

Photoshop 的基本功能很好学，但要想提高应用能力，首先要多做——特效、合成、照片后期等各种类型的实例都应涉猎，以发现其中的技术规律；其次要多看——关注平面、网页、3D 等优秀作品，以提高鉴赏能力。

其他说明

本书附带一套学习资源，内容包括书中实例的素材文件、效果文件，以及在线教学视频和附赠的学习资料与资源库。这些学习资源文件均可在线获取，扫描"资源获取"二维码，关注"数艺设"的微信公众号，即可得到资源文件获取方法。如需资源获取技术支持，请致函 szys@ptpress.com.cn。

资源获取

使命召唤——擎天柱重装上阵

狂派首领与博派首领的较量。

赛伯顿星球的狂派首领威震天制订了一个极其邪恶的计划，他企图借助火种源的辐射能把地球上所有的电子产品都变成"霸天虎"部队的一员，由此打败"汽车人"，进而统治整个宇宙。在这紧要关头，坚决捍卫宇宙和平的"汽车人"首领擎天柱从纸面上跃然而出，一场博派领袖擎天柱与狂派首领威震天的惊天大战即将上演……

实例类别：创意设计类

难易程度：★★★★☆

视频位置：学习资源/视频/27

207页

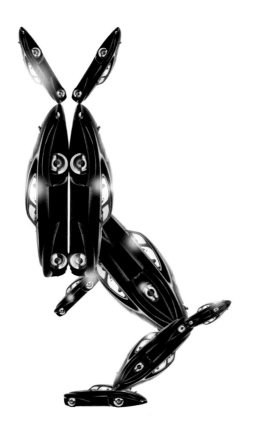

29 美少女——鼠绘百分百

计算机绘画是一种独特的艺术表现形式。

1968年，首届"计算机美术作品巡回展"自伦敦开始，遍历欧洲各国，最后在纽约闭幕，从此宣告计算机美术成为一种独特的艺术表现形式，此后便诞生了一种全新的绘画——计算机绘画。以往传统绘画能够表现的，计算机也可以做到，传统绘画不能做到的，计算机却能呈现出令人叹为观止的效果。现在越来越多的画家、游戏业和影视业从业人员开始依赖数字手段进行绘画创作。

实例类别：绘画类

难易程度：★★★★★

219页

愤怒的小鸟｜玩转选区

| 实例类别：创意合成类 |
| 难易程度：★★☆☆☆ |
| 视频位置：学习资源/视频/05 |

58页

24 麦兜心愿——想成为兔子的小猪

| 实例类别：视觉特效类 |
| 难易程度：★★★★☆ |
| 视频位置：学习资源/视频/24 |

麦兜——一只可爱、天真的小猪，它的理想是做一个校长，每天收集学生的学费之后就去吃火锅。今天吃麻辣火锅，明天吃酸菜鱼火锅，后天吃猪骨头火锅。一天，春田花花幼稚园里来了一位新同学，一只漂亮、可爱的小白兔。于是，麦兜开始了它的另一个梦想……

184页

神奇放大镜｜剪贴蒙版的妙用 97页

这是一个很好玩的实例。当你在一幅素描画上移动放大镜时，放大镜移动到哪里，哪里就会显示素描原型人物的照片，神奇吧？这种效果是用剪贴蒙版实现的哦！

能飞起来的云朵沙发——通道密码

通道很难吗？答案是否定的。只要把握住通道的3个主要功能——保存选区、色彩和图像信息，理解通道就会变得很轻松啦!

通道是Photoshop的核心功能之一，它非常重要。打个比方，就像是武侠小说中，一个人要想成为绝世高手就得打通任督二脉一样，如果我们想成为PS高手，也必须闯过通道这一关。

实例类别 创意合成类
难易程度 ★★★☆☆
视频位置 学习资源/视频/19

152页

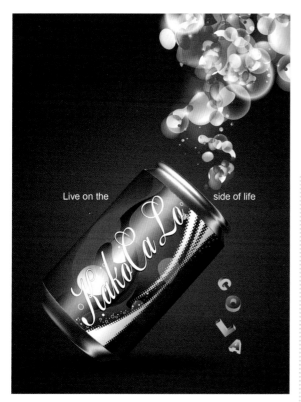

Live on the　　　　side of life

KakoLaLo

COLA

超级可乐罐 |用 Photoshop 玩 3D

在 Photoshop 中制作 3D 可乐罐，为模型贴图、设置灯光。

| 实例类别 : 3D 类 |
| 难易程度 : ★ ★ ★ ★ ☆ |
| 视频位置 : 学习资源 / 视频 /22 |

173页

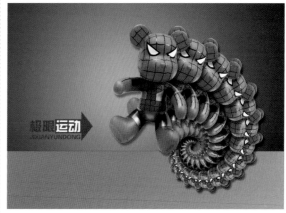

极限**运动**
JIXIANYUNDONG

56页

大胆尝试吧 |制作分形图案

通过变换操作复制小蜘蛛人，制作出分形艺术图案。

74页

独一无二的笑脸 |拼图大师

PS

Try it.I.used it

(legend)

Adobe
Photoshop 创意 + 想象

Photoshop 是非常优秀的图像编辑软件，它的应用领域十分广泛，不论是平面设计、3D 动画、数码艺术、网页设计、矢量绘画、多媒体制作，还是桌面排版，Photoshop 在每一个领域都发挥着重要作用。

28 绝对质感——鬼斧神工特效字

小小特效字，学问何其多。

用 Photoshop 制作特效字是非常过瘾的一件事，因为不论是金属、霓虹灯、玻璃，还是水滴、玉石等，只要我们能想到的质感，几乎都可以表现出来，并达到以假乱真的效果。制作特效字会用到很多功能，因此，有时候看似简单的一个效果，却要结合多种方法才能够实现，这对于我们提高使用 Photoshop 综合技术的能力是非常有帮助的。

实例类别：特效字类
难易程度：★★★★☆
视频位置：学习资源/视频/28
212页

PS

172页

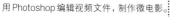

分享我的技巧 |制作微电影

用 Photoshop 编辑视频文件，制作微电影。

151页

大胆尝试吧 |用钢笔工具抠图

用钢笔工具描摹小瓷人的轮廓，再将路径转换为选区进而抠出图像。

178页

大胆尝试吧 |制作 3D 玩偶

基于 2D 图像生成 3D 卡通玩偶。

大胆尝试吧 |制作玻璃 3D 字　126页

通过复制功能和图层样式制作玻璃质感立体字。

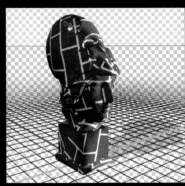

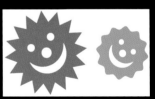

30 爱丽丝漫游记——再现魔幻世界

让我们用 Photoshop 合成一个神奇的魔幻世界吧！

小姑娘爱丽丝为追赶一只会说话的小白兔，钻进兔洞，坠入一个奇妙的地下世界。在这里，她只要喝点儿什么或是吃点儿什么，就会变得和大树一样大，或是和毛毛虫一样小。她还差点被自己的泪水淹死，并在大白兔的家里经历了一次惊心动魄的冒险，还遇到了动不动就要把别人的头砍掉的纸牌王后，参加了一次由十二只动物担任陪审员的糊里糊涂的审判……

实例类别：	影像合成类
难易程度：	★ ★ ★ ★ ★
视频位置：	学习资源 / 视频 /30

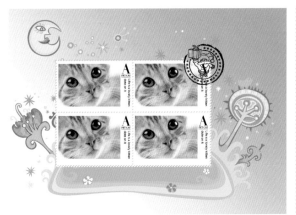

大胆尝试吧 | 制作猫咪邮票 **83页**

用画笔描边路径制作出邮票齿孔效果。重点在于"画笔"面板中"间距"参数的设定。

大胆尝试吧 | 多工具配合抠图 **64页**

根据对象的边界特点，通过快捷键转换工具抠图。

球面奇观 | 滤镜的魔法 **127页**

用滤镜制作出360°球面全景图。

大胆尝试吧 | 制作铜人雕像 **131页**

一个人像素材，我们用滤镜将其制作为金属雕像。

84页

两种方法 | 两种结果

用两种方法将小男孩与鼠标合成，通过实际操作深入理解图层蒙版的特点和优势。

大胆尝试吧 | 制作草坪钱包 77页

09 难道是阿拉丁神灯？ ——图层蒙版的奥秘

实例类别：图像合成类

难易程度：★★★☆☆

视频位置：学习资源/视频/09

84页

通过图层蒙版，在灯泡中置入一个美丽的田园风景。图层蒙版的奥秘是什么？在本课程中可以找到答案。

〈 坐下来，品一杯香浓的咖啡 〉

大胆尝试吧 | 制作雾状特效字　137页

对文字进行变形处理，添加"外发光"效果，制作出雾状特效字。

数码彩妆秀 | 调整图层　110页

用调整图层调色，制作头发漂染和面部彩妆效果。用蒙版控制调整图层的有效范围。

大胆尝试吧 | 制作发光动画　172页

用图层样式制作有趣的动画效果，让小卡通人的身体向外发出不同颜色的光。

168页

疯狂音乐家 | 用 Photoshop 玩动画

我们来制作一只跳舞的卡通兔吧，让它摆出各种姿势，还会变换颜色呢！

25 哇！无敌球员——冰的艺术

实例类别：质感类
难易程度：★★★★☆
视频位置：学习资源/视频/25

190页

26 保护人类的朋友——公益广告

实例类别：图像合成类
难易程度：★★★★☆
视频位置：学习资源/视频/26

199页

大胆尝试吧 | Lab 模式调色　159页　　将图像转换为Lab模式，用一个通道覆盖另一个通道，就会得到非常漂亮的超现实色彩效果。

06 大胆尝试吧：雷达图标

实例类别：视觉特效类

难易程度：★ ★ ☆ ☆ ☆

视频位置：学习资源/视频/06

73页

CLEANTAPWATER

14 梦幻之光——精通图层样式

实例类别：视觉特效类

难易程度：★ ★ ★ ☆ ☆

视频位置：学习资源/视频/14

121页

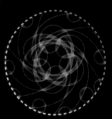

24 大胆尝试吧：制作打孔字

实例类别：特效字类

难易程度：★ ★ ★ ☆ ☆

视频位置：学习资源/视频/24

189页

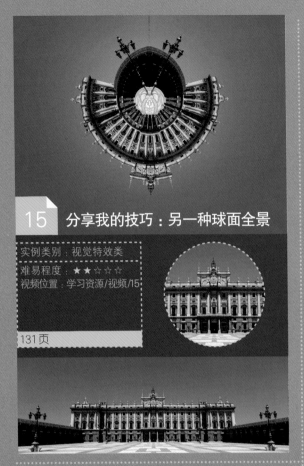

15　分享我的技巧：另一种球面全景

实例类别：视觉特效类
难易程度：★★☆☆☆
视频位置：学习资源/视频/15

131页

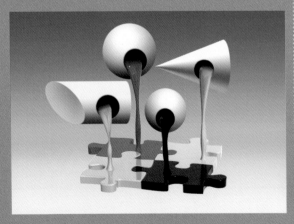

现在流行牛奶装｜抠图大法

使用"调整边缘"命令抠像，制作充满趣味性的创意合成效果。

实例类别：图像合成类
难易程度：★★★★☆
视频位置：学习资源/视频/18

146页

石膏几何体｜渐变如虹 66页

用渐变工具和选区制作一组石膏几何体。

懒人哲学｜统统交给批处理　160页

懒人哲学：人类的一切发明创造都源自于人类自身的懒惰。例如，人们因为懒得走路，于是就发明了汽车、飞机；懒得与他人面对面交流，就发明了电话……想知道 Photoshop 为"懒人"提供了什么便利吗？本实例会告诉你的。

17

甜蜜蜜｜与众不同的路径

用钢笔工具绘制眼睛、嘴巴、眉毛路径轮廓，再对路径进行描边，对橘子进行拟人化处理。

实例类别：创意设计类

难易程度：★ ★ ★ ★ ☆

视频位置：学习资源/视频/17

138页

183页

大胆尝试吧｜制作美丽的文身

23

分享我的技巧：置换同构

这是一个置换同构实例。

我们从荷兰艺术家戴茜丽·帕尔曼的"隐形人"照片中获得启发，用Photoshop完成了花朵与女孩的创意合成。这种效果在图形设计中属于变相同构。下面我们再来做一个置换同构实例。一个人手持的黑白照片替换了后面的狗狗图像，整个画面立刻变得妙趣横生。

实例类别：创意合成类

难易程度：★ ★ ★ ☆ ☆

视频位置：学习资源/视频/23

183页

145页

大胆尝试吧 | 爱心小天使

166页

大胆尝试吧 | 使用动作库

用学习资源中的动作库处理照片，制作反转负冲效果、梦幻柔光效果、拼贴效果、雨雪效果等。

大胆尝试吧 | 调整 Raw 照片　120 页

Raw 文件是直接从相机的图像感应器获取的原始数据，未经任何压缩和处理，因而被摄影人冠之以 "数字底片" 的美名。本实例介绍怎样使用 Adobe Camera Raw 处理 Raw 照片。

分享我的技巧 | 制作 Web 照片画廊

用 Bridge 制作 Web 照片画廊。制作好的画廊可以通过 IE 浏览器观看。

实例类别：网页设计类

难易程度：★ ★ ☆ ☆ ☆
视频位置：学习资源/视频/20

165页

大胆尝试吧 | 人像照片美容术

109页

分享我的技巧 | 磨皮方法面面观

120页

23 视觉游戏——隐身术

实例类别：视觉特效类
难易程度：★★★☆☆
视频位置：学习资源/视频/23

179页

19 分享我的技巧：调出阿宝色

实例类别：照片处理类
难易程度：★★★☆☆
视频位置：学习资源/视频/19

158页

107页
亮度、对比度处理大师

大胆尝试吧 | 人像照片美容术 109页

大胆尝试吧 | 可爱的 Baby

实例类别：照片处理类

难易程度：★★ ☆ ☆ ☆

视频位置：学习资源/视频/10

100页

大胆尝试吧 | 制作美女图章

实例类别：照片处理类

难易程度：★★ ☆ ☆ ☆

视频位置：学习资源/视频/12

114页

Those Were The Days
Childhood

有了 Camera Raw 和 PS 这两个强大的帮手，我们可以做到从调曝光、调色、磨皮、锐化、裁剪，到后期特效一气呵成。

最佳拍档 | Camera Raw+PS

实例类别：照片处理类

难易程度：★★★★ ☆

视频位置：学习资源/视频/13

115页

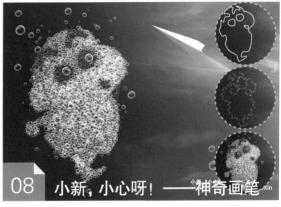

08 小新，小心呀！——神奇画笔

Photoshop 提供了非常完备的绘画和色彩处理工具，无论是人物肖像、素描、油画、水粉、水墨画，还是卡通漫画等，都可以表现出来。

实例类别：绘画类

难易程度：★★★★ ☆

视频位置：学习资源/视频/08

78页

学习资源文件介绍

01 实例的教学视频

本书全部实例的教学视频，共65个，详解实例制作过程，犹如老师亲自在旁指导。

more >>

02 外挂滤镜使用手册

附赠《外挂滤镜使用手册》电子书，包含KPT7、Eye Candy 4000、Xenofex等经典外挂滤镜的使用方法和效果图示。

more >>

03 照片后期动作库

提供可以轻松制作Lomo、宝丽来、反转负冲、非主流、复古等风格，以及磨皮、柔光、证件照、油画等效果的动作。详见第166页。

more >>

04 色彩斑斓的渐变库

500个超酷渐变样式，色彩斑斓。关于渐变库的载入方法，请参阅第73页。

more >>

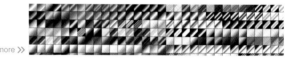

05 真实质感样式库

使用附赠的样式库，只需轻点鼠标，就可以生成宝石、不锈钢、霓虹灯、水滴等真实质感。关于样式库的载入方法，请参阅第126页。

more >>

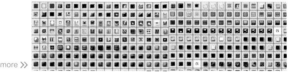

06 高清画笔库

附赠各种笔尖资源，让绘画更加得心应手。关于画笔库的载入方法，请参阅第79页。

more >>

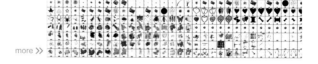

07 丰富多样的形状库

各种好看、好玩的图形拿来即用。关于形状库的载入方法，请参阅第144页。

more >>

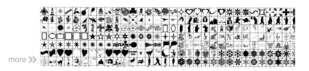

目　录 CONTENTS ▶▶▶▶▶▶

好学的 ⌨️

Photoshop

目 录 CONTENTS »»»»»

好用的

Photoshop

................101

目　录 CONTENTS ▶▶▶▶▶▶

好玩的
Photoshop

.....167

目　录 CONTENTS »»»»»»

好玩的

Photoshop

.......167

工具名称	工具用途	工具种类	快捷键
✛ 移动	可移动图层、选中的图像和参考线，按住 Alt 键拖动图像还可以进行复制		V
▢ 矩形选框	可创建矩形选区，按住 Shift 键操作可创建正方形选区	选择类	M
◯ 椭圆选框	可创建椭圆选区，按住 Shift 键操作可创建圆形选区		
⚏ 单行选框	可创建高度为 1 像素的矩形选区		
⚍ 单列选框	可创建宽度为 1 像素的矩形选区		
◯ 套索	可徒手绘制选区		L
▷ 多边形套索	可创建边界为多边形（直边）的选区		
▷ 磁性套索	可自动识别对象的边界，并围绕边界创建选区		
◔ 快速选择	使用可调整的圆形画笔笔尖快速"绘制"选区		W
✦ 魔棒	在图像中单击，可选择与单击点颜色和色调相近的区域		
⛏ 裁剪	可裁剪图像	裁剪和切片类	C
▥ 透视裁剪	可在裁剪图像时应用透视扭曲，校正出现透视畸变的照片		
✎ 切片	可创建切片，以便对 Web 页面布局、图像进行压缩		
▷ 切片选择	可选择切片，调整切片的大小		
✐ 吸管	在图像上单击，可拾取颜色并设置为前景色（按住 Alt 键操作，可拾取为背景色）	测量类	I
✎ 3D材质吸管	可在 3D 模型上对材质进行取样	3D 类	
✎ 颜色取样器	可在图像上放置取样点，"信息"面板中会显示取样点的精确颜色值		
⬚ 标尺	可测量距离、位置和角度	测量类	
▤ 注释	可为图像添加文字注释		
1₂³ 计数	可统计图像中对象的个数（仅限 Photoshop Extended）		
✎ 污点修复画笔	可除去照片中的污点、划痕，或图像中多余的内容	修饰类	J
✎ 修复画笔	可利用样本或图案修复图像中不理想的部分，修复效果真实、自然		
✦ 修补	可利用样本或图案修复所选图像中不理想的部分（需要用选区限定修补范围）		
✂ 内容感知移动	将图像移动或扩展到其他区域时，可以重组和混合对象，产生出色的视觉效果		
✛◉ 红眼	可修复由闪光灯导致的红色反光，即人像照片中的红眼现象		
✎ 画笔	可绘制线条，还可以更换笔尖，用于绘画和修改蒙版	绘画类	B
✎ 铅笔	可绘制硬边线条，类似于传统的铅笔		
✎ 颜色替换	可以将选定颜色替换为新颜色		
✎ 混合器画笔	可模拟真实的绘画技术（例如混合画布颜色和使用不同的绘画湿度）		
♜ 仿制图章	可以从图像中复制信息，并利用图像的样本来绘画	修饰类	S
▦ 图案图章	可以使用 Photoshop 提供的图案，或者图像的一部分作为图案来绘画		
✎ 历史记录画笔	可将选定状态或快照的副本绘制到当前图像窗口中，需要配合"历史记录"面板使用	绘画类	Y
✎ 历史记录艺术画笔	可使用选定状态或快照，采用模拟不同绘画风格的风格化描边进行绘画		
✎ 橡皮擦	可擦除像素	修饰类	E
✎ 背景橡皮擦	可自动采集画笔中心的色样，删除在画笔范围内出现的这种颜色		
✎ 魔术橡皮擦	只需单击一次即可将纯色区域擦抹为透明区域		

工具名称	工具用途	工具种类	快捷键
▦ 渐变	可创建直线形、放射形、斜角形、反射形和菱形的颜色混合效果	绘画类	G
🌢 油漆桶	可以使用前景色或图案填充颜色相近的区域		
🌢 3D材质拖放	可以将材质应用到3D模型上	3D类	
◊ 模糊	可对图像中的硬边缘进行模糊处理,减少图像细节,效果类似于"模糊"滤镜		
△ 锐化	可锐化图像中的柔边,增强相邻像素的对比度,使图像看上去更加清晰		
🌢 涂抹	可涂抹图像中的像素,创建类似于手指拖过湿油漆时的效果		
🔍 减淡	可以使涂抹的区域变亮,常用于处理照片的曝光		
◌ 加深	可以使涂抹的区域变暗,常用于处理照片的曝光		O
🌢 海绵	可修改涂抹区域的颜色的饱和度,增加或降低饱和度取决于工具的"模式"选项		
🖊 钢笔	可绘制边缘平滑的路径,常用于描摹对象的轮廓,再将路径转换为选区从而选中对象		P
🖊 自由钢笔	可徒手绘制路径,使用方法与套索工具相似		
🖊 添加锚点	可在路径上添加锚点		
🖊 删除锚点	可删除路径上的锚点		
🗝 转换点	在平滑点上单击,可将其转换为角点;在角点上单击并拖动,可将其转换为平滑点		
T 横排文字	可创建横排点文字、路径文字和区域文字		T
↓T 直排文字	可创建直排点文字、路径文字和区域文字		
⫪ 横排文字蒙版	可沿横排方向创建文字形状的选区	绘图和文字类	
↓⫪ 直排文字蒙版	可沿直排方向创建文字形状的选区		
▸ 路径选择	可选择和移动路径		A
▹ 直接选择	可选择锚点和路径段,移动锚点和方向线,修改路径的形状		
▢ 矩形	可在正常图层(像素)或形状图层中创建矩形(矢量),按住Shift键操作可创建正方形		U
▢ 圆角矩形	可在正常图层(像素)或形状图层中创建圆角矩形(矢量)		
◯ 椭圆	可在正常图层(像素)或形状图层中创建椭圆(矢量),按住Shift键操作可创建圆形		
⬡ 多边形	可在正常图层(像素)或形状图层中创建多边形和星形(矢量)		
╱ 直线	可在正常图层(像素)或形状图层中创建直线(矢量),以及带有箭头的直线		
🖈 自定形状	可创建从自定形状列表中选择的自定形状,也可以使用外部的形状库		
🖐 抓手	可在文档窗口内移动图像,按住Ctrl键/Alt键单击还可以放大/缩小窗口	导航类	H
🖐 旋转视图	可在不破坏原图像的情况下旋转画布,就像是在纸上绘画一样方便		R
🔍 缩放	单击可放大窗口的显示比例,按住Alt键操作可缩小显示比例		Z
🔳 默认前景色和背景色	单击它可恢复为默认的前景色(黑色)和背景色(白色)		D
🔃 切换前景色和背景色	单击它可切换前景色和背景色的颜色		X
■ 设置前景色	单击它可打开"拾色器"设置前景色		
▢ 设置背景色	单击它可打开"拾色器"设置背景色		
▣ 以快速蒙版模式编辑	可切换到快速蒙版模式下编辑选区		Q
⬓ 屏幕模式	可切换屏幕模式,隐藏菜单、工具箱和面板		F

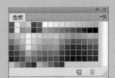

色板面板：显示了Photoshop预设的122种颜色，可设置前景色和背景色

时间轴面板：可以编辑视频，制作基于图层的GIF动画

颜色面板：可设置前景色和背景色。既可以通过移动滑块来实时混合颜色，也可以输入数值来精确定义颜色

测量记录面板：可保存测量记录，计算高度、宽度、面积和周长

Kuler面板：可以从网上下载由在线设计人员社区创建的数千个颜色组

画笔面板：可以为绘画工具（画笔、铅笔等），以及修饰工具（涂抹、加深、减淡等）提供各种笔尖

信息面板：可以显示颜色值、文档的状态、当前工具的使用提示等有用信息

直方图面板：用图形表示了图像的每个亮度级别的像素数量，展现了像素的分布情况

注释面板：可保存图像中添加的文字注释

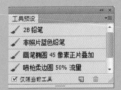

工具预设面板：可存储工具的各项设置预设、编辑和创建工具预设库

调整面板：可以创建调整图层

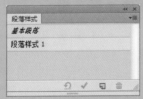

段落样式面板：可保存字符和段落格式属性，应用于一个或多个段落

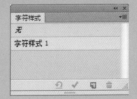

字符样式面板：可保存文字样式，如字体、大小、颜色等

历史记录面板：可保存操作记录，恢复图像

3D面板：显示了3D场景、网格、材质和光源

属性面板：与调整图层、图层蒙版、矢量蒙版、形状图层和3D功能有关

导航器面板：可调整文档窗口的缩放比例、画面中心的显示位置

图层面板：可创建、编辑和管理图层，为图层添加样式

路径面板：用来保存和管理路径，显示当前路径和矢量蒙版

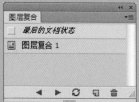

图层复合面板：可以保存图层面板中的图层状态

动作面板：用于创建、播放、修改和删除动作

样式面板：可以为图层中的图像内容添加诸如投影、发光、浮雕、描边效果

字符面板：可设置字符的各种属性，如字体、大小、颜色等

仿制源面板：仿制图章工具和修复画笔工具的专用面板

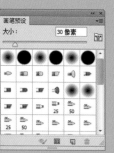

画笔预设面板：提供了预设的笔尖和简单的调整选项

段落面板：用来设置文本的段落属性，如段落的对齐、缩进和行的间距

通道面板：用来保存图像内容、色彩信息和选区

好学的

Photoshop

好学、好用、好玩的Photoshop·写给初学者的入门书 (第4版)

Continued ▶ 33~100

01 开卷有益——了不起的 Photoshop
（入门阶段）

学习要点

学习目标：了解 Photoshop 的诞生历程，知晓数字图像的种类和区别，初步认识 Photoshop 的核心功能。

难易程度：★★☆☆☆

技巧：显示 Photoshop 彩蛋，分辨率的设定规范，使用帮助文件。

素材位置：学习资源 / 素材 /01

PREVIEW

从 Photoshop 的启动画面说起

听说 Photoshop 诞生已经有 20 多年了？

是的。我们可以运行 Photoshop，在启动画面左下方有一组文字 "1990-2012"，它说明 Photoshop 是在 1990 年推出的，现在的 CS6 版是 2012 年更新的。另外，看到右侧一长串的名单了吗？他们是为 Photoshop 做出过贡献的程序员们。

哇！好多人呢。

Photoshop 简称 "PS"　　　　　　　Adobe 公司 Logo

扩展版 Photoshop，
普通版没有文字

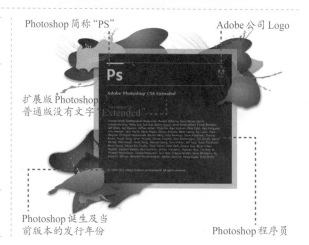

Photoshop 诞生及当
前版本的发行年份

Photoshop 程序员

排在第一位的叫Thomes Knoll（托马斯·洛尔），Photoshop就是他发明的。1987年秋季，托马斯·洛尔在美国密歇根大学攻读博士学位，他编写了一个叫作Display的程序，用来在黑白位图显示器上显示灰阶图像。虽然这只是一个纯娱乐的小程序，却引起了他哥哥约翰·洛尔（John Knoll）的注意。约翰在一家影视特效公司供职，正在试验利用计算机创造特效。他让弟弟帮他编写一个处理数字图像的程序，于是托马斯重新修改了Display的代码，后来将其改名为Photoshop。

托马斯·洛尔　　　约翰·洛尔

乐观的洛尔兄弟想要实现这个程序的商业价值，于是就将Photoshop交给了一家扫描仪公司。因此，严格来讲，Photoshop的首次上市是与扫描仪捆绑发行的。后来，Adobe公司的艺术总监Russell Brown慧眼识珠，果断地买下了Photoshop的发行权。Adobe公司于1990年2月推出了Photoshop 1.0，当时的Photoshop还只能在苹果机（Mac）上运行，但它的出现还是给计算机图像处理行业带来了巨大的冲击。之后的Photoshop 2.0（1991年2月上市），更引发了桌面印刷的革命。

能够拥有这么伟大的软件，Adobe也一定是个很了不起的公司吧？

Adobe公司是由乔恩·沃诺克和查理斯·格什克于1982年创建的，总部位于美国加州的圣何塞市。现在做设计的人恐怕没有几个不用Adobe软件的，因为它的产品遍及图形设计、图像制作、数码视频、电子文档和网页等各个设计领域。除了大名鼎鼎的Photoshop外，像专业的矢量软件Illustrator、动画软件Flash、网页设计软件Dreamweaver、排版软件InDesign、非线性编辑软件Premiere、电影特效软件After Effects、音频软件Soundbooth等都出自Adobe公司。

我听说Photoshop CS6的版本号是13.0，可我们为什么叫它CS6呢？

Photoshop的早期版本是按照1.0、2.0等顺序排名的，直到7.0。2003年，Adobe公司将Photoshop与其他设计软件集成为一个Adobe Creative Suite套装，从此，CS便成为Photoshop版本号的标签了，现在排到了CS6，但要是从1.0版本算起，它就是13.0了。

技巧：有趣的Photoshop彩蛋
Photoshop程序设计师在软件中隐藏了一个彩蛋。按住Ctrl键，然后在"帮助"菜单中找到"关于Photoshop"命令，就能看到Photoshop彩蛋，一只由文字组成的小猫咪。

计算机世界里的数字图像

在计算机世界里，图像分为两种，一种是位图，另一种是矢量图。位图是由像素（Pixel）组成的。不过，像素可不太容易看到，因为它们太小了。我们可以打开学习资源中提供的照片（执行"文件>打开"命令），再打开"导航器"面板（执行"窗口>导航器"命令），将面板底部的三角滑块拖动到最右侧，让图像以最高比例显示（3200%），这时画面中会出现一个个小方块，它们便是像素。

打开学习资源中的一张照片

将窗口放大至最高显示比例

像素虽小，却不简单，它们每一个都有自己固定的位置和颜色值。我们在 Photoshop 中处理图像时，其实质就是在编辑这些像素。

图像及像素的原有模样

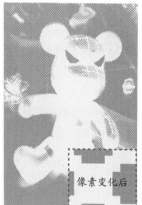

修改后的图像及像素

矢量图形是另一种电脑图像，它是由称作"矢量"的数学对象所定义的直线和曲线构成的。Photoshop 是典型的位图软件，不过它也有一些矢量工具。

能比较一下位图和矢量图各有什么特点，或者各自的优点和缺点吗？

位图的来源广泛，Photoshop 绘制的图像、数码照片、扫描的图片等都属于位图。位图可以很好地表现颜色的细微过渡，也容易在软件之间交换。但它会受到分辨率的制约，反复缩放（或旋转）时，会降低图像的清晰度，这是位图的最大缺点。我们所说的缩放，是指对图像本身进行的物理缩放（需要使用"编辑 > 变换"命令），而前面我们使用"导航器"面板观察像素时，只是改变了窗口的显示比例，这两个概念千万不要混淆了。

一张数码照片

这是将图像放大 400% 后的局部内容，可以看到，图像的细节已经变得有些模糊了

矢量图只能通过矢量软件（如 Illustrator、CorelDraw、AutoCAD 等）来生成。它没有像素这一概念，因此，无论怎样放大，都不会出现任何改变。矢量图非常适合图标、企业 Logo 等需要经常缩放，或者按照不同尺寸打印的图形。它的缺点是不能创建过于复杂的对象，颜色表现也不如位图细腻。

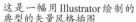

这是一幅用 Illustrator 绘制的典型的矢量风格插图

这是将矢量图放大 600% 后的局部内容，可以看到图形非常清晰，一点也没有改变

分辨率是指1英寸（或1厘米）的长度内能够排列多少像素，它的单位通常用像素/英寸（ppi）来表示。分辨率与像素的组合方式决定了图像的信息量。例如，一个分辨率为72像素/英寸的图像，它每一平方英寸的区域内包含5184像素（72像素×72像素＝5184像素）；而一个分辨率为300像素/英寸的图像，它每一平方英寸包含90000像素（300像素×300像素＝90000像素）。因此，一个图像的分辨率越高，包含的像素就越多，颜色信息也就越丰富，图像效果也会更好。例如，单反相机可以拍出2110万像素的照片，它所呈现的颜色、画质和细节是普通卡片机（1200万左右像素）望尘莫及的。

既然分辨率越高图像效果越好，那以后我就尽量使用大图。

也不尽然。分辨率高会增加图像占用的存储空间，使用时可能会带来一些麻烦。例如，如果我们将一组大尺寸的照片上传到网络相册上，其传输和下载速度都会很慢，别人打开相册以后，等好半天也看不到内容，就会放弃的。所以，只有根据图像的用途，设置合适的分辨率才能取得较好的使用效果。

这里我介绍一个比较通用的分辨率设定规范。如果图像用于屏幕显示或网络，可以将分辨率设置为72像素/英寸（ppi），这样既能减小文件的大小，又能提高传输和下载速度；如果图像用于喷墨打印机打印，可以将分辨率设置为100～150像素/英寸（ppi）；如果用于印刷（书籍、杂志封面），则应设置为300像素/英寸（ppi）。

💡 提示

对于图像处理爱好者来说，如果只是修修照片、简单处理一下图片，有Photoshop就足够了；如果想要从事设计工作，那么位图和矢量软件一定都会用才行。Photoshop是一定要学的，至于矢量软件学哪种，就看自己的喜好了。不过我推荐Illustrator，要知道，很多插画大师都用它，而且它与Photoshop的操作界面非常像，学起来会更快一些。

📋 它们是 Photoshop 的核心功能

我们使用传统工具绘画时，不论是素描、水彩，还是其他画种，都是画在一张画纸上的，而Photoshop的绘画和图像编辑方式则完全颠覆了单张画纸这个概念。在Photoshop中，一幅画或一个图像，可以绘制或者拆分到无数张画纸上，这些画纸除图像以外的部分都是透明

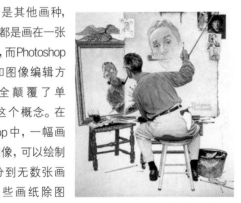
传统绘画方式，画家在画布上作画

的，它们相互叠加，就组成了一幅完整的画面。Photoshop中这些画纸有一个特别的名字，叫作"图层"。

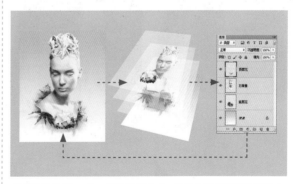
颠覆传统的 Photoshop 图像编辑方式，图像内容在不同的图层中

好学的 Photoshop　37

图层是 Photoshop 最为重要的核心功能，因为图像都是以它为依托的。有了图层，我们就可以放心地编辑一个层上的图像，而不必担心会影响其他层上的图像了。

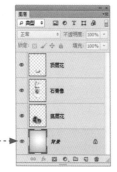

为背景层填充渐变颜色，不会影响其他图层

如果我只想处理一个层上的部分图像，而不是整个图层，该怎么办呢？

这就要用到一个叫作选区的功能了。遇到这种情况时，我们先要通过选区将需要编辑的对象选中，使之与其他图像隔离开，这样可以避免其他图像受到影响。

例如，下面有两幅图像，一幅是原图，另一幅是颜色抽离特效，它的制作方法就是先选中左侧的女孩，再用"黑白"命令调整而实现的。

选中左侧的女孩　　　　将选中的图像调成黑白效果

由此可见，Photoshop 图像编辑的基本流程是先找到我们要编辑的对象所在的图层，然后通过选区来限定编辑范围，之后再进行相应的编辑操作。

选区不仅可以限定编辑范围，还能帮助我们将选中的对象从背景中分离出来，放在单独的图层上，这叫作"抠图"。

创建选区选中人物　　　　用选区将人物从背景中抠出

抠图以后就可以将不同的图像合成在一起。图像合成可是非常有趣的事情，精彩与否就要看你的技术和想象力喽！

图像合成还需要使用蒙版。蒙版能够将图像隐藏起来，或者使其呈现出透明效果，但不会破坏图像内容。此外，它还可以控制调整图层和填充图层，在颜色控制和数码照片后期处理中有着非常广泛的应用。

被蒙版遮盖的图像呈现透明状态，但它们并没有被删除，这为图像合成留下了可以操作的空间

Photoshop 大事记

年月	版本	重大事件和主要新增功能
1990.2	Photoshop 1.0	选框、套索、魔棒、文字、直线、裁剪、油漆桶、橡皮擦、吸管、渐变、画笔、铅笔、模糊、锐化、涂抹等工具，以及少量滤镜。只能在苹果机（Mac）上运行
1991.6	Photoshop 2.0	新增钢笔工具、路径，支持 CMYK 和 Illustrator 文件，最小分配内存从 2MB 增加到 4MB。该版本引发了桌面印刷的革命。此后，Adobe 开发出 Windows 视窗版本 Photoshop 2.5，增加了调色板和 16bit 文档支持
1994.11	Photoshop 3.0	最重要的核心功能图层出现在这一版本中
1996.11	Photoshop 4.0	Adobe 与 Knoll 兄弟重新签订合同，买断了 Photoshop 的所有权，并将 Photoshop 的用户界面和其他 Adobe 产品统一化。新增功能有动作、调整图层、表明版权的水印图像等
1998.5	Photoshop 5.0	5.0 版新增了 "历史记录" 面板、色彩管理功能、图层样式。5.0.2 版首次向中国用户提供了中文版。5.5 版增加了支持 Web 功能，并将 Image Ready 2.0 捆绑到 Photoshop 中，填补了 Photoshop 在 Web 功能上的欠缺
2000.9	Photoshop 6.0	引入形状功能，新增矢量绘图工具，增强了图层管理功能。经过改进，Photoshop 与其他 Adobe 工具交换更为流畅
2002.3	Photoshop 7.0	数码相机开始流行起来，Photoshop 增加了修复画笔、EXIF 数据、文件浏览器等与数码照片处理有关的功能。已经退居二线的 Thomas Knoll 还亲自带领一个小组开发了 Photoshop 的 RAW 插件
2003.9	Photoshop CS	Adobe 将 Photoshop 与其他产品组合成一个创作套装软件，即 Adobe Creative Suite。Photoshop CS 与兄弟产品的融汇更加协调通畅。这一版的更多新功能是为数码相机而开发的，如智能调节不同区域亮度、镜头畸变修正、镜头模糊滤镜等
2005.4	Photoshop CS2	新增红眼工具、污点修复画笔工具、"消失点" 滤镜、智能对象、Bridge、支持高动态范围图像等
2007.4	Photoshop CS3	新增快速选择工具、智能滤镜、视频编辑功能、3D 功能，增进了对 Windows Vista 的支持，软件界面也重新进行了设计
2008.9	Photoshop CS4	新增 "蒙版" 面板、"调整" 面板、内容识别比例缩放、旋转画布工具、GPU 加速等功能
2010.4	Photoshop CS5	新增内容识别填充、操控变形、混合器画笔和毛刷笔尖、Mini Bridge 等功能，改进了抠图工具 "调整边缘" 命令，增强了 "镜头校正" 滤镜
2012.4	Photoshop CS6	全新的工作界面和裁剪工具，新增了内容识别移动、油画滤镜、自适应广角滤镜、光圈模糊和场景模糊滤镜，改进了 3D 功能，支持后台自动存储和恢复文件

Adobe 资讯支持

执行 "帮助 >Photoshop 联机帮助" 命令，可以链接到 Adobe 网站（需要网络支持）获取各种信息，如 Photoshop 新增功能介绍。

专家视频

执行 "帮助 >Photoshop 支持中心" 命令，可以链接到 Adobe 网站，观看 Adobe 专家的视频演示，也可以下载 Photoshop、Illustrator、Flash 等软件的试用版。

02 没有基础不要紧——
从这里出发吧（入门阶段）

学习要点

学习目标：学习顺畅使用 Photoshop 所需的基本方法和技巧。
难易程度：★ ★ ☆ ☆ ☆
技巧：通过快捷键选择工具、执行命令，图像的浏览妙招，使用快照还原图像。
素材位置：学习资源 / 素材 /02

PREVIEW

📋 文档窗口是一个大舞台

双击桌面上的 Photoshop 图标 Ps，运行 Photoshop。我们来看一看它的工作界面。窗口左侧有一个包含一堆小图标的面板，它叫作工具箱，顾名思义，那里边是用于编辑图像的各种工具。窗口右侧是一组面板。

窗口顶部的横条由两部分组成。上面的是菜单栏，这里面是各种命令；下面的是工具选项栏，它与我们当前所使用的工具有关。

在整个窗口中，最大的空间留给了图像编辑区（打开图像以后叫作"文档窗口"）。文档窗口就像个大舞台，各种精彩效果都在这里上演。

我们还是打开图像来看一下吧。执行"文件>打开"命令，或按 Ctrl+O 快捷键，弹出"打开"对话框，找到学习资源中的素材文件，按住 Ctrl 键单击这两个图像，将它们选择，然后单击"打开"按钮，打开文件。

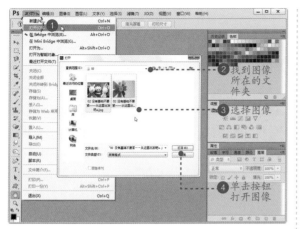

如果觉得图像固定在选项卡中不方便操作，可以将它从选项卡中拖出来，使其成为浮动窗口。浮动窗口与我们平时浏览网页时打开的窗口没什么区别，它也可以最大化、最小化，或者移动到任何位置，而且，我们还可以将它重新拖回到选项卡中。

图像会以选项卡的形式合并到文档窗口中，我们一次只能对一个图像进行编辑操作。如果要编辑其他图像，可在选项卡中单击该图像的名称，就会显示这一图像了。对于不用的图像，可单击它名称右侧的 × 按钮，将其关闭。

 如果我想将一个图像放到另一个图像中，该怎样操作呢?

 这是一个看似简单，却又非常重要的操作。我们进行图像合成时，总是要将各种素材放到一个文档中来处理，如果不会这种方法，本书后面的实例就无法完成了。

打开两个或多个图像后，选择工具箱中的移动工具 ，将光标放在画面中，单击鼠标(不要放开鼠标按键)，再将光标移动到选项卡中，在另一个文档的标题栏上停留片刻，就会切换到该文档，这时再将光标移动到画面中，然后放开鼠标，就可以将图像拖入该文档了。

将图像拖动到另一文档的标题栏上，并停留片刻

切换到这一文档后，将光标移动到画面中，再放开鼠标

工具、命令和面板是 Photoshop 的武器

 "工欲善其事，必先利其器"。Photoshop 的武器是什么呢？就是它众多的工具、命令和面板。

 我觉得工具箱就像个百宝箱，里边各式各样的工具真是吸引人。不过，对于像我这样的初学者，一下子记住这么多工具，实在是太难了。

 Photoshop 的工具确实不少，但最常用的不外乎移动工具 ▶+、矩形选框工具 ▢、椭圆选框工具 ◯、快速选择工具 ✎、画笔工具 ✐ 和渐变工具 ▮，你可以先记住它们，其他的以后慢慢掌握也不迟。（每种工具的具体用途，可参见本章前面的工具列表。）

我们还是来看一看工具该怎样使用吧！要使用一个工具，要先单击它，将其选择。选择工具以后，可在工具选项栏修改它的各项参数，以便让工具更加得心应手。

① 单击工具将其选择　② 设置工具的选项

有些工具的右下角有三角形小图标，表示这是一个工具组。在这样的工具上单击并按住鼠标按键，可以显示出隐藏的其他工具，将光标移动到其中的一个工具上，然后放开鼠标，即可选择该工具。

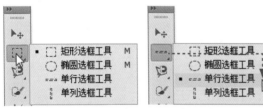

💡 提示

单击工具箱顶部的三角按钮 ▶▶，可以让工具以双排/单排显示。单排显示时可以为文档窗口让出更多的空间。

 Photoshop 的菜单似乎与其他软件没有什么区别，使用起来也应该没有难度吧？

 Photoshop 用 11 个主菜单将各种命令分为 11 类，例如，"文件"菜单中包含的是用于设置文件的各种命令，"滤镜"菜单中包含的是各种滤镜。这种安排方式与 Windows 的菜单结构很像，因此，即便不会使用 Photoshop 的人，操作起来也不会有任何障碍。

单击一个菜单名称可以打开该菜单。在菜单中，带有黑色三角标记的命令表示还包含下拉菜单。选择一个命令，即可执行该命令。多数命令在使用时会弹出对话框，要求我们设置选项或参数。

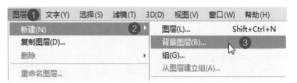

此外，在图像上单击鼠标右键，还可以显示一个快捷菜单，它直接给出了与当前操作相关的命令，免去了我们再到菜单中查找的麻烦。

创建选区后单击鼠标右键，快捷菜单中会显示与选区有关的命令

 为什么菜单中有些命令是灰色的，而有些命令右侧有"…"状符号呢？

如果一个命令显示为灰色，就表示它在当前状态下不能使用。例如，没有创建选区时，"选择"菜单中的多数命令都不能使用。如果一个命令右侧有"…"状符号，则表示执行该命令时会弹出一个对话框。

我看到有些工具和菜单命令右侧有英文字母，它们有什么特别的含义吗？

这是工具和命令的快捷键。例如，我们按B键，就可以选择画笔工具 ✏（按Shift+B快捷键，可以切换画笔工具组中的其他工具），菜单命令也是如此。掌握几个常用的快捷键，对于提高工作效率是很有帮助的。

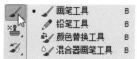

画笔工具的快捷键是B　　　"选择>全部"命令的快捷键是Ctrl+A

Photoshop中有多少个面板？

如果将工具箱和工具选项栏算上的话，一共是30个。除这两个之外，其他的停靠在窗口右侧。我们编辑大图时，可以单击面板组右上角的 ▶▶ 按钮，

将面板收起，它们会折叠为图标状，将空间让给文档窗口。要使用哪个面板，单击相应的图标就可将其展开。

面板都是成组的，组与组之间由黑线分隔。将光标放在面板名称上，单击并将其拖动到其他组的标题栏上，就可以重新组合面板。如果拖动到面板组之外，它就会成为浮动面板，可以放在窗口的任意位置上。

折叠面板　　　展开一个面板　　　　　　重新组合面板

如果要关闭一个面板，可在它的标题栏上单击鼠标右键，打开快捷菜单选择"关闭"命令；如果想要使用的面板没有打开，可以到"窗口"菜单中将其打开。

Photoshop中还有一些与面板有关的命令，它们隐藏在面板菜单中。单击面板右上角的 ▼☰ 按钮，可以打开面板菜单。

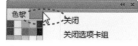

关闭面板　　　　　打开面板菜单

💡 提示

如果打乱了面板的顺序和位置，可执行"窗口>工作区>复位"命令，将面板恢复到默认的位置。

📝 浏览图像，我有妙招

我想编辑图像的细节，该怎样让窗口中的图像放大显示呢？

这需要使用图像浏览工具。比较常用的有两个，缩放工具 🔍 用来调整图像的显示比例，抓手工具 ✋ 用来移动画面。想要观察图像的整体效果时，可双击抓手工具 ✋（快捷键为Ctrl+0），图像就会以合适的比例完整地显示在窗口中；如果要观察图像的细节，则双击缩放工具 🔍（快捷键

为Ctrl+1），图像就会以100%的实际比例显示。

双击抓手工具 ✋，图像会以合适的比例完整地显示在窗口中

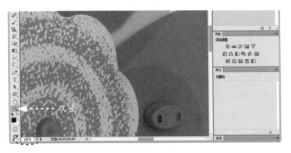

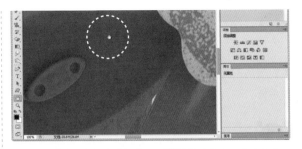

双击缩放工具 ，图像会以100%的实际比例显示

按住空格键（临时切换为抓手工具 🖐）拖动鼠标可移动画面

我再介绍一个更好用的技巧。首先按住 Alt 键，然后滚动鼠标按键中间的滚轮，滚轮向前转，可以放大窗口中的图像；滚轮向后转，则缩小图像。

此外，当图像以大比例显示时，我们只能看到它的局部，这种情况下，按住空格键（临时切换为抓手工具 🖐）拖动鼠标，就可以移动画面，让所需内容显示在画面中央了。

技巧：用快捷键控制显示比例

按住Ctrl键，再连续按+键，可以连续放大图像的显示比例；
按住Ctrl键，再连续按-键，可以连续缩小图像的显示比例。

操作失误怎么办？

 编辑图像时，如果操作出现失误或没有得到想要的效果，有什么办法可以纠正吗？

如果只是一步操作出现失误，执行"编辑>还原"命令（快捷键为Ctrl+Z）就可以撤销该操作；如果连续的几步操作都要撤销，可以连续按Shift+Ctrl+Z快捷键。

除上述办法外，还有一个非常好用的纠错工具——"历史记录"面板。观察该面板你会发现，编辑图像时，我们每进行一步操作，Photoshop都会将其记录到面板中，因此，我们只要单击其中的一个操作名称，就可以将图像直接还原到该状态当中去。另外，面板顶部有一个图像缩览图，那是打开图像时 Photoshop 为它创建的快照，单击它，可以撤销所有操作，图像会恢复到打开时的状态。

 "历史记录"面板能记录所有操作吗？

图像的当前编辑效果及"历史记录"面板中记录的内容

单击"渐变"，即可将图像恢复到这一步操作状态中

 不可以，"历史记录"面板只能保存20步操作（新的操作会替换掉以前的操作）。

那么, 20步之前的那些操作岂不是无法恢复了吗?

 有一个办法可以弥补这个缺憾。我们在编辑图像的过程中，每完成一步重要的操作以后，就单击"历史记录"面板中的创建新快照按钮 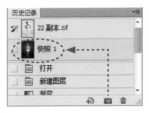 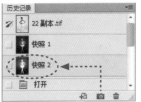 这样可以将图像的当前状态保存为一个快照。以后不论编辑了多少步，都可以单击相应的快照来将图像恢复为快照所记录的效果。

💡 提示

需要注意的是，历史记录和快照只是暂时保存在内存中，关闭Photoshop以后，它们都会被删除掉。

📒 用正确的方法保存文件

 在 Photoshop 中编辑图像后，如果没有妥善保存，就会给以后的使用带来大麻烦。

 该怎样保存文件呢?

 可以执行"文件 > 存储为"命令(快捷键为 Ctrl+S)，打开"存储为"对话框进行设定。一般来说，处理后的图像尽量不要覆盖原文件，应该将文件以另外的名称存储。如果设定了不同的存储格式，则不必修改文件名。

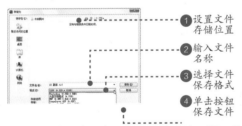

① 设置文件存储位置
② 输入文件名称
③ 选择文件保存格式
④ 单击按钮保存文件

保存文件有两个要点。一是把握好时间，我的习惯是在图像编辑的初始阶段就保存文件，文件格式多选用 PSD 格式；二是编辑过程中，还要适时地按 Ctrl+S 快捷键将图像的最新效果存储起来，不要等到完成所有编辑以后再存储，那样的话，如果电脑出现死机，所有的工作就都白费了。

 能介绍一下常用的文件格式吗?

 我还是根据实际用途来介绍吧，这样更便于理解。如果图像尚未完成或者还有待修改，则首选 PSD 格式。PSD 是 Photoshop 的默认文件格式，它可以保留文档中所有的图层、蒙版、通道、路径、未栅格化的文字、图层样式等。我们任何时候打开文件，都可以在原先的基础上继续修改这些内容。

如果图像用于打印(如照片)、上传到网络、作为电脑桌面，或者要导入其他软件中使用，可存储为 JPEG 格式。这种格式能够压缩图像，使文件变小，在网上传输时速度更快，而且绝大多数软件都支持该格式。另外的几种格式大致了解一下就行，如 BMP 格式是一种用于 Windows 操作系统的图像格式，主要用于保存位图文件；GIF 格式是网络传输格式，它支持动画；TIFF 格式常用于商业印刷。

Photoshop 宣传视频 "I Have PSD"，通过巧妙的创意，展现了PSD 的神奇之处——假如我们的生活是一个大大的 PSD，如果面包烤焦了，可以用修饰工具抹掉；衣服不喜欢，可以用调色工具换个颜色……

03 PS 大厦里的居民——图层

（入门阶段）

学习要点

学习目标：了解"图层"面板中各个选项的用处，学习与图层有关的基本操作方法，为后面的实例操作打下基础。
难易程度：★ ★ ☆ ☆ ☆
技巧：调整图层缩览图的大小，用移动工具复制图层，快速切换图层混合模式。
素材位置：学习资源 / 素材 /03

PREVIEW

大楼？图层？

PS 是广大用户对 Photoshop 的亲切称谓。在 PS 的核心功能中，图层最重要。本书开篇即介绍了图层的原理，下面我们来学习图层的使用方法。

核心功能一定很难吧，我还没什么基础，现在学是不是有点早？

看来你误解"核心"的意思了。"核心"不代表它有多难，而是说它很重要，因为不会图层操作，在 PS 中几乎寸步难行。其实图层的使用方法还是很简单的。我这里有一个练习文件，我们就用它学习图层操作吧！

按 Ctrl+O 快捷键，打开学习资源中的文件。这是一个 PSD 格式的分层文件，按 F7 键打开"图层"面板就可以看到它所包含的图层了。

"图层"面板的结构就像是一幢大楼，这里边住着各种居民，1 楼是"背景"图层、2 楼和 3 楼是图像，4 楼是文字图层。

技巧：让缩览图更大些

图层名称左侧的缩览图中显示了图层所包含的内容。我们可以在缩览图上单击鼠标右键，打开快捷菜单，选择"中缩览图"命令，将缩览图调大，以便更清楚地观察它。

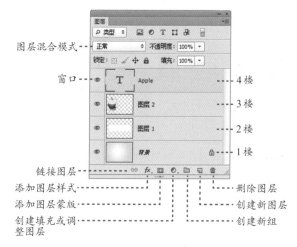

图层混合模式

窗口

4 楼

3 楼

2 楼

1 楼

链接图层

添加图层样式

添加图层蒙版

创建填充或调整图层

删除图层

创建新图层

创建新组

每一层楼都有一扇窗（眼睛图标 👁 所在的方格），现在所有的窗子都是打开的。如果我们单击一个眼睛图标 👁，就可以将其所在的窗口关闭，该图层就会被隐藏起来。在窗口上再次单击，则窗子会重新打开，让图像显现出来。

如果我们关闭"背景"层的窗子，画面中就会出现灰白相间的小方格，它们代表了层的透明区域，即这里什么也没有。

PS 大楼里邻里关系都很好，这里的居民不介意调换楼层。例如，单击"图层 2"并向下拖曳到"背景"层上方，放开鼠标，就可以将它从 3 楼搬到 2 楼。

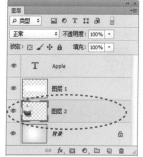

将"图层 2"拖曳到"图层 1"下方。调整图层顺序以后，苹果会受到上方图层的遮挡

PS 这幢大楼既可以向上盖，也可以向下拆。如果要"加盖一层楼"，可单击"图层"面板底部的创建新图层按钮 🔲；如果要"拆掉一层楼"，可单击它，再按 Delete 键将其删除，或者直接将它拖动到删除图层按钮 🗑 上删掉。

单击创建新图层按钮 🔲

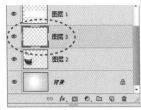

创建一个空白图层

单击"图层1"将它选中

按 Delete 键删除

 呵呵，这幢大楼的搭建倒是蛮简单的。那我们最多可以盖多少层呢？

 这就要看你电脑的内存有多大了，当图层把所有内存都占满以后，就不能再盖楼了。

📖 选择和复制图层

 前面我们借用大楼这一具体对象来解读 Photoshop 的图层结构，就是想让图层的概念形象化，以便初学者理解起来更容易一些。好了，现在概念上的障碍被扫清了，我们再来看一看图层的选择和复制方法。

将图像分层保管以后，想要编辑哪些图像，应先单击它所在的图层，选择这一图层（所选层称为"当前图层"）。例如，选择文字层以后，使用移动工具 ▶✛ 在画面中单击并拖动鼠标，即可移动文字。

选择文字层以后，可以使用移动工具 ▶✛ 移动文字

同时选中文字和"图层1"，可以一同移动这两个层中的对象

如果要选择多个相邻的图层，可以单击最上面的一个图层，然后按住 Shift 键单击最下面的一个图层，这样就可以将这两个图层及其中间的所有图层都选中。如果要选择多个不相邻的图层，可以按住 Ctrl 键分别单击它们。

选择一个图层以后，按 Ctrl+J 快捷键可以复制该图层，得到一个内容完全相同的图层。

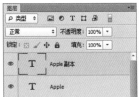

复制的文字会与源文字重叠在一起，使用移动工具拖动文字，将它们错开，就能够看到效果了

 提示 ▸

选择一个图层以后，在画面中，使用移动工具按住 Alt 键拖动图像也可以复制图层。

学会管理图层，培养好习惯

 编辑复杂的图像时，一定要记得多使用图层来分别保管图像内容，以方便将来修改，千万不要嫌麻烦。

 可是图层数量多了以后，查找需要的图层时真的很麻烦啊。

 这一点 Photoshop 已经为我们考虑好了。它提供了一个叫作"图层组"的功能用于管理图层，就类似于 Windows 中的文件夹。单击"图层"面板底部的创建新组按钮 📁，创建一个图层组，再将同类图层拖入组中，然后单击组前面的 ▼ 图标关闭组，"图层"面板就规整多了。需要展开组时，再次单击该图标即可。

创建一个图层组

按住 Ctrl 键选择图层

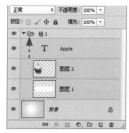
将图层拖动到组中

单击三角图标，将组关闭

🖊技巧：修改图层和组的名称

创建图层或组时，Photoshop 会给它们起一个默认的名称，如"图层 1""组 1"。我们也可以自行修改名称，使它们更加易于识别。操作方法是，在图层或组的名称上双击，会出现一个文本框，输入新名称再按 Enter 键就完成了。

 图层数量多了是不是会增加文件占用的存储空间？

 是的，图层越多，文件越大，而且编辑时还会占用较多的内存空间。我们来看一下文档窗口底部的状态栏，这里面有两组数字，斜线左边的代表的是只有一个层（将图层合并）时的文件大小；斜线右边的代表的是分层状态下的文件大小，该数值会随着图层数量的增减而变化。比较这两组数字可以发现，它们相差3倍多，由此可见，图层对于文件大小的影响是很大的。

单击三角按钮，在打开的菜单中选择"文档大小"命令，即可显示文件大小信息

💡提示

其实只有包含图像内容的层才会明显增加文件大小，而功能性图层，如填充图层、调整图层对文件大小的影响是微乎其微的。

我们可以通过删除图层或将同类图层合并的方法来减小文件大小。删除方法我们已经讲解过了，现在说说合并方法。如果要将两个或多个图层合并，可按住 Ctrl 键分别单击它们，将这些图层同时选中，再按 Ctrl+E 快捷键就行了。

透明度的两种设定方法

选择一个图层，调整"图层"面板顶部的"不透明度"或"填充"数值，可以使其呈现透明效果，让下面层中的图像显现出来。

我分别用这两个选项试了一下，发现图层的透明效果好像一样，感觉不到它们的区别呀？

在这两个选项中，"填充"比较特别一点。如果为图层添加了"投影""描边"等效果，调整"填充"值时，只改变图像的透明度，添加的各种效果不会受到影响。而调整"不透明度"值，则既影响图像，也影响效果。

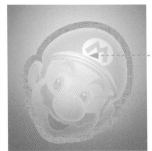 
将"填充"值设置为15%，图像呈现透明状态，"描边"效果的透明度没有改变

"图层1"添加了"描边"效果，在默认状态下，其"不透明度"及"填充"值均为100%

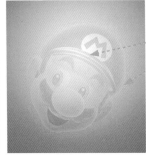 
将"不透明度"值设置为15%，图像及"描边"效果均呈现透明状态

💡 提示

图层效果可以为图层添加投影、发光等特效。关于效果的使用方法，请参阅"14梦幻之光——精通图层样式"。

混合模式很重要

选择一个图层后，单击"图层"面板顶部的 ⬍ 按钮，在打开的下拉菜单中可以为该图层选择一种混合模式。

混合模式是用于设定当前层与其下方图层叠加方法的一种非常重要的功能，它能够改变图像的显示效果。例如，在默认状态（"正常"模式）下，位于上层的图像会遮挡住下层图像。

 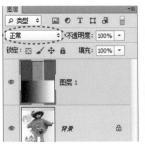 

"正常"是默认的混合模式，它表示没有设定特殊的混合模式，因此，上层图像会遮盖下层图像

如果我们选择"变亮"模式，Photoshop就会在通道中对上、下两个图层的颜色、亮度等信息进行比较，让当前图层中较亮的像素显示，较暗的像素隐藏，下面层中的像素便会显现出来，我们看到的图像瞬间就发生了变化。其他模式也都有各自的混合方法，它们可以混合图像并使图像呈现变亮、变暗、反相等效果。

"变亮"模式的混合效果。当前图层中较亮的像素保留、较暗的像素被下层较亮的像素替换，娃娃图像便显现出来了

好复杂的原理呀！有没有什么办法能帮助我们加深理解呢？

混合模式的使用诀窍就两个字——尝试，达到自己满意的效果就行。实际上能够真正理解所有混合模式原理的人少之又少，那应该是Photoshop程序员们该知道的事。

这个办法不错。可即便如此，这么多种模式，一个个选择起来也很麻烦呢。

那我就教给你一个技巧吧。在混合模式选项栏双击，然后滚动鼠标中间的滚轮，就可以切换各个混合模式了。很方便吧！

给图层上把锁

我发现"背景"图层右侧有一个像是锁头的图标🔒，它是做什么用的呢？

"背景"图层就像是图像的画布，永远要放在最底层，既不能更改顺序，也不能调整不透明度和混合模式。锁状图标🔒就是用来为图层设定这些限制的。

除"背景"图层外，其他图层也可以进行锁定操作。方法是，选择一个图层，按"图层"面板顶部一个锁定按钮即可。再按一下，则可以解除锁定。

单击一个图层将其选择

按一个锁定按钮锁定图层

这4个锁定按钮都有不同的用途。其中，▨按钮用于锁定透明区域，这主要是为了防止使用画笔工具、渐变工具、"填充"命令修改图像时影响到透明区域。

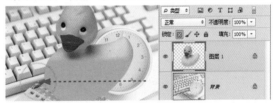

锁定透明区域后，使用画笔工具涂抹时，颜色只覆盖图像，而不会涂到透明区域上

✎按钮用于锁定像素，这时，画笔、渐变、滤镜等都不能使用，图层只能进行移动、缩放等操作。

✛按钮用于锁定图层的位置，也就是说不能进行移动、旋转、缩放等操作，但可以用画笔、渐变、滤镜等修改像素。

🔒按钮可以同时锁定前面的3个属性。

04 超级驴子——非凡变换　　（入门阶段）

学习要点

学习目标：学习图像的变换和变形方法。
难易程度：★ ★ ☆ ☆ ☆
技巧：使用 Alt+Shift+Ctrl+T 快捷键变换并复制图像，制作出旋转特效。在工具选项栏中输入数值，进行精确变换。
实例类别：创意类、视觉特效类。
素材位置：学习资源 / 素材 /04
效果位置：学习资源 / 效果 /04
视频位置：学习资源 / 视频 /04a、04b

PREVIEW

Fashion Illustration

关于变换操作

我们进行图像合成时，需要先掌握一些基本的变换和变形操作方法，如移动图像、调整大小和角度、扭曲图像等。移动图像可以使用移动工具，其他操作可执行"编辑>变换"下拉菜单中的命令来进行。

"编辑>变换"下拉菜单中的命令可以进行具体的某一种变换和变形操作。"编辑>自由变换"命令可以进行所有变换和变形操作

这些命令虽然很全面，但每一种操作都要执行相应的命令，似乎有些麻烦，有没有更加简便的方法，可以同时进行这些操作？

正如很多功能都有快捷键一样，Photoshop 的程序员们也会想办法让变换操作变得简单易行。在"变换"命令上面有一个"自由变换"命令，它符合你的要求。不过，使用的时候需要掌握一些技巧，我们还是通过具体的实例来详细解读吧。

下面我们要制作的是一头机器小毛驴儿，它由几个汽车拼贴而成，造型比较卡通，也很可爱。实例并不复杂，不过图层的数量会多一些，我们需要用图层组来管理图层。图层组就像是文件夹，可以把图层放在里面，让"图层"面板的结构更加简单、清晰。另外，我们还要用智能参考线来辅助对齐图像。

01 按Ctrl+O快捷键，打开一个文件。在"图层"面板中单击汽车所在的图层将其选择，然后按两下Ctrl+J快捷键，复制出两个相同的图层。

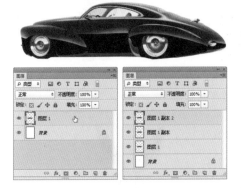

02 执行"编辑＞自由变换"命令（快捷键为Ctrl+T），画面中会出现一个定界框，它代表了图像的边界范围。定界框四周有控制点，拖动它们就可以对图像进行变换处理。

定界框   控制点

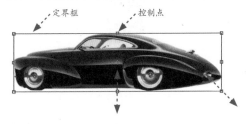

💡 提示

定界框中央有一个中心点，当我们拖动控制点时，图像就会以中心点为基准缩放或旋转。中心点可以移动到其他位置上。

03 我们先来将图像翻转，为了使图像对齐，需要参考线来辅助操作。执行"视图＞显示＞智能参考线"命令，该命令前面会出现一个"√"，表示智能参考线被启用了（如果要隐藏参考线，再次执行该命令，将"√"去掉就行了）。在画面中单击鼠标右键，打开快捷菜单，选择"垂直翻转"命令，将图像翻转。

04 将光标放在定界框内，单击并向下拖动鼠标移动图像，智能参考线会自动出现，我们便可以非常容易地让两个图像对齐。按Enter键确认，定界框消失，完成变换操作。

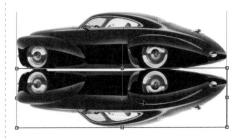

💡 提示

如果要放弃变换，则不要按Enter键，应按位于键盘左上角的Esc键。

05 按住Ctrl键单击"图层1副本"，将它与上面的图层同时选择，按Ctrl+E快捷键，将这两个图层合并。

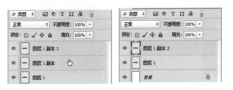

06 按Ctrl+T快捷键，显示定界框。单击鼠标右键，在快捷菜单中选择"旋转90度（逆时针）"命令，将图像旋转，然后按Enter键确认。

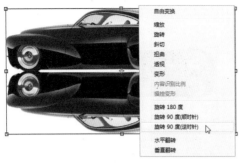

07 选择移动工具 ⯈⊕，在画面中单击并拖动鼠标，将图像拖到左上角。选择"图层1"，在画面中按住Alt键向左上方拖动，放开鼠标以后，可以复制出一个图像。

08 按Ctrl+T快捷键，显示定界框。将光标放在位于中间的控制点的外侧，光标会变为 ↻ 状，单击并拖动鼠标，将图像旋转。

09 将光标放在位于边角的控制点上，光标会变为 ↖ 状，按住Shift键拖动控制点，对图像进行等比缩放（如果没有按住Shift键，则会拉伸图像）。将光标放在定界框内部，将图像拖动到竖起的汽车上面，然后按Enter键。

10 按Ctrl+J快捷键复制当前图层。按Ctrl+T快捷键显示定界框。单击鼠标右键，选择"水平翻转"命令，翻转图像，再将它移到右侧，这样就组成了小毛驴儿的头和耳朵。按Enter键确认。

11 按住Ctrl键单击"图层1副本2"和"图层1副本"，将这两个图层与当前图层同时选择，按Ctrl+G快捷键，将它们编入一个图层组中，以方便管理。在组的名称上双击，显示一个文本框，输入新的名称"头部"。

12 我们再来制作躯干。选择"图层1"，按Ctrl+J快捷键进行复制。

13 使用矩形选框工具 [:] 将车轮的下半边选取，按 Delete键删除。

14 按Ctrl+D快捷键取消选择。按Ctrl+J快捷键复制当前图层。现在有两个半截汽车，我们要通过变换，让它们呈现镜像效果。操作方法是按Ctrl+T快捷键显示定界框，单击鼠标右键，选择"垂直翻转"命令，再将一个图像向下移动。

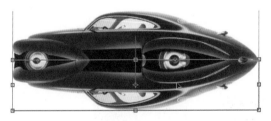

15 按住Ctrl键单击图层，将这两个半截汽车选择，按Ctrl+E快捷键合并。将图像旋转，然后放在小毛驴儿头部下面。

16 按Ctrl+J快捷键，复制当前图层，将图像旋转并缩小，作为小毛驴儿的腿。再复制一个图层，作为小毛驴儿的尾巴。

17 复制两次"图层1"，分别制作出小毛驴儿的前腿和蹄子。

18 单击"图层"面板中的 [] 按钮新建一个图层，设置它的混合模式为"变亮"。按Shift+Ctrl+] 快捷键，将它调整到最顶层。单击工具箱中的 [] 图标，在打开的"拾色器"中调整前景色，使用画笔工具 / 在小毛驴儿的眼睛和身体上点几个亮点。

通过前面的实例，我们学习了图像的变换操作方法，下面再来介绍一下变形方法。按Ctrl+T快捷键显示定界框以后，按住Ctrl键拖动控制点，就可以扭曲图像；使之变形。如果按住Shift+Ctrl+Alt键拖动控制点，则图像会呈现透视扭曲效果。

总的来说，通过拖动控制点进行扭曲或变形操作时比较灵活，也容易控制，但缺点是随意性强，无法胜任精确的旋转角度或缩放要求。不过，这并不意味着没有解决办法。

当我们执行"编辑>变换"命令时（快捷键为Ctrl+T），工具选项栏中会出现一组选项，在选项中输入数值，然后按Enter键，就可以进行精确的变换或变形操作了。

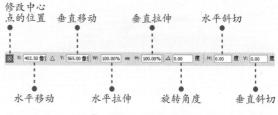

执行"编辑>变换"命令（显示定界框以后）时的工具选项栏

对图像进行变换或变形以后，"编辑>变换>再次"命令就会被激活，执行该命令，可以再次对图像应用相同的变换。如果按住Alt+Shift+Ctrl快捷键，然后连续按T键，则不仅可以变换，还会复制出新的图像。下面的分形艺术效果就是通过这种方法制作出来的。

该实例的具体制作方法为，首先按Ctrl+T快捷键显示定界框，然后在工具选项栏中输入数值，对小蜘蛛人同时应用旋转和缩放，之后再使用上面提到的快捷键复制出其他对象，这样，每一个小蜘蛛人就会较前一个旋转并缩小一些。

该实例有3个要点。一是按Ctrl+T快捷键以后，先

将中心点拖动到小蜘蛛人腿部右侧下方，将这里设置为基准点；二是设定精确的旋转角度（14度）和缩放比例（94.1%）；三是对第一个图像进行变换操作以后，需要按住Alt+Shift+Ctrl快捷键，并连续按T键大概38次才能复制出足够多的图像。只要掌握好以上要点，你就可以制作出来的。如果有不清楚的地方，就看一看本实例的教学视频吧。

本实例使用的素材　　将中心点移动到右下方

| W: | 94.1% | ∞ | H: | 94.1% | △ | 14 | 度 |

在工具选项中输入旋转和缩放参数

💡 提示

"背景"图层不能进行变换和变形操作。不过，如果我们先按住Alt键双击"背景"图层，将它转换为普通的图层，就没有任何问题了。

有趣的视觉幻象

前面我们对小蜘蛛人应用变换操作制作了一个分形艺术图案。分形艺术（Fractal Art）是纯计算机艺术，它是数学、计算机与艺术的完美结合，可以展现数学世界的瑰丽景象，被广泛地应用于服装面料、工艺品装饰、外观包装等领域。其实，将数学应用于图像，还可以展现很多的视觉幻象，荷兰艺术家埃舍尔便是这方面的大师。

圆形限制III——埃舍尔：这是非欧几里得几何学的二种空间之一，在埃舍尔的作品中，它的原型实际上源自法国数学家Poincaré。要得到这个空间的感觉，必须想象你实际上是在图像的内部。当你从它的中心走向图像的边缘，你会像图像里的鱼一样缩小，从而到达你移动后实际的位置，这似乎是无限度的，而实际上你仍然在这个双曲线空间的内部，你必须走无限的距离才能到达欧几里得空间的边缘。

瀑布——埃舍尔：埃舍尔依据彭罗斯的三角原理，将整齐的立方物体堆砌在建筑物上。当你看这幅画中建筑的每一个部分时，找不出任何错误，但是将这幅画作为一个整体来看时，你就会发现一个问题，瀑布是在一个平面上流动的。可是瀑布明明是降落的，并且还冲击着一个水磨让其转动。更奇怪的是，这两个塔看起来是在一个平面上的，可是左边的一个升高三个台阶，而右边是两个。

生理错视——赫曼方格，常被用来解释生理错视的作品。单看是一个个黑色的方块，整张图一起看，会发现方格与方格之间的对角，出现了灰色的小点。

几何学错视——弗雷泽图形。由英国心理学者弗雷泽于1908年发表，它是一个产生角度、方向错视的图形，被称作错视之王。旋涡状图形实际是同心圆。

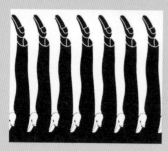

认知错视——男人与女人：福田繁雄利用"图""底"间的互生互存的关系来探究错视原理。作品巧妙利用黑白、正负形形成男女的腿，上下重复并置，黑色"底"上白色的女性的腿与白色"底"上（倒画的）黑色的男性的腿，虚实互补。图底反转现象是由E.Rubin提出来的。因为人的知觉具有组织性，会想办法将视觉对象由背景中独立出来，这个独立出来的部分即为"图"，周围的部分则是"底"。

三维立体画：将你的脸贴近画面看一会儿，然后缓缓地拉开距离，不要使眼睛在图片上聚焦，但又要保持你的视线，便可以看立体机器猫。

05 愤怒的小鸟——玩转选区

（入门阶段）

学习要点

学习目标：了解选区的用途，掌握创建和编辑选区的基本方法。
难易程度：★★☆☆☆
技巧：通过快捷键对选区进行布尔运算。
实例类别：创意合成类。
素材位置：学习资源/素材/05
效果位置：学习资源/效果/05
视频位置：学习资源/视频/05a~05d

PREVIEW

选区的基本创建和编辑方法

 学习图层以后，我们对 Photoshop 的认知就上了一个重要的台阶。为了检验学习效果，我来考考你，图层的主要用途是什么？

 图层可以将图像的各个部分分离，这样我们编辑一个层上的图像时，就不会影响其他图像了。

 不错。但如果我们要编辑的是一个层上的部分图像，而非整个层，又该怎么办？

 那就应该告诉Photoshop需要编辑的是哪处图像。我记得在第一节课里讲过，用选区将图像选中。

 非常正确，用选区来划定编辑范围，让 Photoshop 只处理选中的图像。

在学习Photoshop的过程中，理解了图层的原理，只相当

于打开了 Photoshop 圣殿的大门，要想走进去学习各种神奇的魔法，还得有"人"引路，这个领路"人"就是选区。下面，我们就通过一个小练习来初步了解选区的创建和编辑方法吧。

01 按Ctrl+O快捷键，打开学习资源中的练习文件。我们来选取小鸭子。

02 选择磁性套索工具 ，将光标放在小鸭子身体边缘，单击鼠标定义选区的起点，然后放开按键沿着小

鸭子的轮廓拖动鼠标，Photoshop会紧贴轮廓线放置一些固定点。最后，在起点处单击一下封闭轮廓，即可创建选区。

选区

选中的图像

03 可以看到，小鸭子轮廓周围出现了一圈闪烁的边界线，它就是选区。执行"选择>反向"命令，反转选区边界，这时我们就将小鸭子的背景选中了。

选中的图像

未选中的图像

04 按Delete键将选中的背景删除，再按Ctrl+D快捷键取消选择。现在，小鸭子就位于透明背景上了。

05 Photoshop中的选区分为两种，我们前面创建的是普通选区，还有一种是带有羽化效果的选区，我们来看一下这种选区该怎样创建。先按两下Alt+Ctrl+Z

快捷键，撤销两步操作，返回到"步骤03"的状态中去，即选中背景。执行"选择>修改>羽化"命令，在弹出的对话框中设定羽化值，对选区进行羽化。

选中的图像

未选中的图像

06 按Enter键关闭对话框，现在选区的边界有了一些变化。我们再来看一下羽化的选区对图像有什么影响。按Delete键删除背景，再按Ctrl+D快捷键取消选择。可以看到，小鸭子轮廓边缘呈现出半透明效果，这是由于羽化发挥了作用。羽化可以使选区变得平滑、模糊，编辑图像时，效果比较自然，不会有明显的人工痕迹。

07 选区制作完成以后，建议保存起来，以方便将来调出来使用或者继续修改。按两下Alt+Ctrl+Z快捷键，撤销两步操作，恢复选区。单击"通道"面板底部的将选区存储为通道按钮，Photoshop就会将选区保存到Alpha通道中。如果要从通道中调出选区，可以按住Ctrl键单击Alpha通道，选区就会载入画面中。

将选区保存到通道中

从通道中载入选区

布尔运算

 布尔运算是英国数学家布尔发明的一种逻辑运算方法，简单来说就是通过两个或多个对象进行联合、相交或相减运算，生成一个新的对象。

 选区和布尔运算又有什么关系呢？

 我们创建选区时离不开布尔运算，因为绝大多数情况下，一次操作是不能将所需对象完全选中的，这就需要通过布尔运算来对选区进行完善。我们还是来看一下具体方法吧。

01 按Ctrl+O快捷键打开一个练习文件。

02 选择工具箱中的魔棒工具，将容差设置为200。工具选项栏中有一组布尔运算按钮，按第一个按钮，即新选区按钮。

新选区·· ········ 添加到选区

从选区减去···· ········ 与选区交叉

03 在卡通人上单击鼠标创建选区。如果我们在其他位置单击，则每新创建一个选区，都会替换原有的选区，这是新选区按钮的特点。

04 现在卡通人还未完全选中，我们继续操作。按添加到选区按钮，在漏选的各处图像上单击，可以将它们添加到选区中，从而完整地将卡通人选中。

05 如果想要从现有的选区中减少一部分，例如，不想选取眼睛内部的白色图像，可按从选区减去按钮，然后在该处单击。

选中 ···· 未选中
选中

06 我们再来看一下与选区交叉按钮的用途。选择矩形选框工具，在工具选项栏中按按钮，在卡通人左侧脸颊上单击并拖动鼠标拉出一个矩形选框，放开鼠标以后，两个选区相交的部分就成了新的选区。

技巧：通过快捷键进行布尔运算

Photoshop为常用功能都提供了快捷编辑方法，布尔运算也不例外。如果图像中有选区存在，我们使用选框、套索、魔棒等选择工具时，就可以通过快捷键来进行布尔运算，既简单，又灵活。例如，如果要添加新的选区，可按住Shift键创建选区（相当于按按钮）；如果要从现有的选区中减少一部分，可按住Alt键操作（相当于按按钮）；如果保留相交部分，可按住Shift+Alt快捷键操作（相当于按按钮）。

01 按 Ctrl+O 快捷键，打开一个 PSD 格式的分层素材文件。选择"图层 1"。下面我们来利用各种食物制作一只愤怒的小鸟。

02 选择椭圆选框工具 ⬭，按住 Shift 键单击并拖动鼠标，创建一个圆形选区（如果没有按住 Shift 键，则创建的是椭圆选区），选中紫菜。按 Ctrl+C 快捷键，将它复制到剪贴板中。

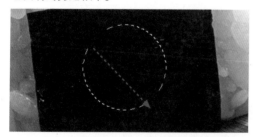

03 打开一个面包素材，按 Ctrl+V 快捷键，将紫菜粘贴到该文档中，作为小鸟的眼眶。

💡 提示

粘贴图像后，可以按住 Ctrl 键（临时切换为移动工具 ▶✛）拖动鼠标，移动图像的位置。

04 切换到 PSD 文档，按 Ctrl+D 快捷键取消选择。选择多边形套索工具 ⬩，我们来用它创建由直线围合成的选区。先在紫菜上单击定义选区起点，然后在另外三处转折点单击定义选区边界，最后在选区起点上单击，封闭选区。

05 复制选中的图像，再将它粘贴到面包文档中，作为小鸟的眉毛。

06 切换到 PSD 文档中，按 Ctrl+D 快捷键取消选择。选择"图层 2"，在它的眼睛图标 👁 处单击，将该图层显示出来。使用椭圆选框工具 ⬭ 选取一处果核，将它复制并粘贴到面包文档中，生成"图层 3"。

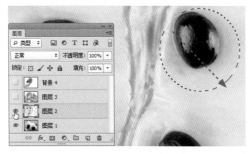

08 按住Ctrl键单击这3个图层，将它们选择，按Ctrl+E快捷键合并。

07 按Ctrl+[快捷键，将"图层3"调整到"图层2"下方。按Ctrl+T快捷键显示定界框，拖动控制点旋转图像并适当缩小，让眼眶显现出来，然后按Enter键确认。经过调整之后，即可拼出小鸟的眼睛。

09 选择移动工具 ►✛ ，按住Alt键向右侧拖动鼠标，复制出另外一只眼睛。按Ctrl+T快捷键显示定界框，对这只眼睛进行适当的旋转。

技巧：图层顺序的快速调整方法

选择一个图层以后，可以使用快捷键来调整它的堆叠顺序。例如，按Shift+Ctrl+]快捷键，可将它调整到最顶层；按Shift+Ctrl+[快捷键，则调整到最底层；按Ctrl+]/Ctrl+[快捷键，可以向上/向下调整一个堆叠顺序。

10 切换到PSD文档中，取消选择。选择"图层3"并将它显示出来。选择快速选择工具 ✎，在一处食品上单击并拖动鼠标，选区会自动扩展到图像的边界处。

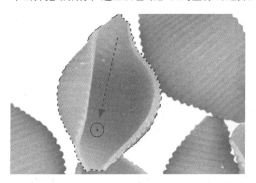

11 复制选中的图像并将其粘贴到面包文档中，再进行适当的旋转，让它成为小鸟的嘴巴。

12 切换到PSD文档，先取消选择，再选择"图层4"，将它显示出来。用快速选择工具 ✎ 选中一处图像。制作该选区时需要用到布尔运算，对于漏选的图像，可以按住Shift键在其上拖动鼠标涂抹，将其添加到选区中；对于多选的图像，则可按住Alt键涂抹，将其从选区中排除出去。

13 复制图像并粘贴到面包文档中，作为小鸟头上的羽毛。

14 选择"背景"图层，单击"图层"面板底部的 ⬚ 按钮，在该图层上面新建一个图层，设置它的混合模式为"正片叠底"。

15 按D键，将工具箱中的前景色设置为黑色。选择画笔工具 ✎，在工具选项栏中调整画笔的不透明度，并打开画笔下拉面板选择笔尖。在小鸟的嘴巴、眼睛、羽毛下方单击并拖动鼠标涂抹，绘制出投影效果。

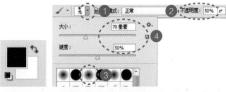

在Photoshop中，选区有4张"面孔"。当我们使用选择类工具在图像上创建选区时，选区是一圈闪烁的边界线。此时我们可以使用矩形选框工具、椭圆选框工具、套索工具、快速选择工具、魔棒工具、"选择"菜单中的命令等来编辑它。然而，Photoshop还有许多重要的工具，如画笔工具、钢笔工具、"滤镜"菜单中的命令等无法编辑这种形态的选区，要使用这些工具编辑选区，就需要先将选区转换成为它们能够识别的状态。

创建选区后，按Q键可以将选区转换到快速蒙版中；单击"图层"面板中的 按钮，可以将选区转换到图层蒙版中；单击"通道"面板中的 按钮，则可以将选区保存到Alpha通道中。在这3种状态下，我们可以使用各种绘画工具（如画笔、加深、减淡等）编辑选区。

如果我们单击"路径"面板中的 按钮，则可以让选区变成矢量图形，在这种状态下，我们可以使用钢笔工具 编辑选区。

闪烁形态(常态)下的选区　快速蒙版形态下的选区

图层蒙版形态下的选区　通道形态下的选区　路径(矢量)形态下的选区

我们使用选区选取图像时，有时要根据对象边界特点而使用不同的工具。通过快捷键转换工具既方便，又可以提升效率。例如，使用磁性套索工具 时，如果遇到直线边界，可以按住Alt键单击，转换为多边形套索工具 ，此时在直线处单击即可绘制出直线选区；绘制完直线选区后，放开Alt键拖动鼠标，仍可恢复为磁性套索工具 。下面的熊猫就是通过这种方法选取的。

先使用磁性套索工具 在熊猫边界单击，设定选区的起点，然后按住鼠标按键紧贴小熊猫边缘拖动，创建选区。选择电话亭时，按住Alt键单击一下，切换为多边形套索工具 创建直线选区，到达电话亭的弧顶底部时，放开Alt键拖动鼠标，切换为磁性套索工具 ，继续创建选区。

将熊猫、电话亭、文字选中后，可以用移动工具 将其拖入另一个背景素材中。如有不清楚的地方，就看看教学视频吧。

与选区有关的工具、命令和面板 ■ ■■■■

"选择"菜单命令	功能	特点	应用指数
全部	选取文档边界内的全部图像	复制图像时常用到该命令	★★★
取消选择	取消一切选择区域	不需要选区限定编辑范围时,可以取消选择	
重新选择	将取消的选区恢复过来	如果不慎将选区丢失,或者想要使用上一个选区,可执行该命令	★
反向	创建选区后,执行该命令可以反转选区范围	如果一个对象的背景比较好选,可以先选取背景,再反转选区将对象选中	★★★★
色彩范围	选择图像中颜色或色调相近的区域	与魔棒和快速选择工具相似,但功能更加强大	★★★★
调整边缘	可一次性对选区进行扩展、收缩、羽化等操作	抠图工具,用以替代早期版本中的"抽出"滤镜	★★★★
修改>边界	将选区同时向内、外扩展,生成边框状选区	生成的选区带有羽化效果	★★
修改>平滑	让选区边界更加平滑	可以使选区中的锐利边角变得平缓	★★
修改>扩展	将选区向外扩展	选区的形状会发生一定程度的改变	★★
修改>收缩	将选区向内收缩	抠图时适当收缩选区可避免选择多余的背景	★★
修改>羽化	对选区进行羽化,使边界模糊	进行抠图、调色等操作时,对选区进行适当羽化,可以使效果更加自然,不显生硬	★★★★
扩大选取	根据魔棒工具的容差值扩展选区,将相邻的像素选择进来	只选择与原有选区相邻的像素	★
选取相似	根据魔棒工具的容差值扩展选区,将容差范围内的像素都选择进来,包括不相邻的像素	选择文档中所有符合容差要求的像素	★
变换选区	可以对选区进行旋转、缩放、扭曲等操作,方法与"编辑>自由变换"命令相同	只改变选区,不会影响选中的图像	★★★

与选区有关的面板	功能	特点	应用指数
"通道"面板	创建选区后,单击该面板中的 ▣ 按钮,可以将选区保存到通道中;按住 Ctrl 键单击通道缩览图,则可以从通道中载入选区	用通道保存选区以后,文件应存储为 PSD 或 TIFF 格式,不要存储为 JPEG 格式,该格式不支持通道	★★★★
"路径"面板	创建选区后,单击该面板中的 ◇ 按钮,可将选区转化为路径并保存起来;单击面板中的路径,再按 ⠇ 按钮,可将路径转化为选区	选区转化为路径之后,准确程度会有所下降	★★★
"图层"面板	按住 Ctrl 键单击一个图层的缩览图,可以从图层的不透明区域中载入选区	图层、矢量蒙版、图层蒙版中都包含选区	★★★★

工具	使用方法	特点	应用指数
[ ] 矩形选框	单击并拖动鼠标可以创建矩形选区,按住 Shift 键操作可创建正方形选区	Photoshop 第一个版本就有的元老级工具。适合构建矩形选区,以及选取门、窗、画框、屏幕、标牌等矩形对象	★★★★
◯ 椭圆选框	单击并拖动鼠标可以创建椭圆形选区,按住 Shift 键操作可创建圆形选区	适合构建圆形选区,以及选取篮球、乒乓球等圆形对象	★★★★
⋯ 单行选框	单击可创建高度为 1 像素的矩形选区	适合制作网格、表格	★
⁝ 单列选框	单击可创建宽度为 1 像素的矩形选区	适合制作网格、表格	★
♀ 套索	单击并拖动鼠标可徒手绘制选区	Photoshop 第一个版本就有的元老级工具。它以鼠标的运行轨迹生成选区,操作方便,但不能创建精确的选区	★★
▽ 多边形套索	可创建边界为直边的多边形选区。按住 Shift 键操作可锁定水平、垂直或 45° 角倍数方向	适合选择边缘为直线的对象,如大楼	★★★★
▷ 磁性套索	在对象的边界线单击并围绕边界拖动鼠标即可创建选区	具有自动识别对象边界的能力。适合选择边界清晰、与背景对比鲜明的对象	★★★
✎ 快速选择	在需要选择的对象上单击并拖动鼠标,可以像绘画一样快速"绘制"选区	可以自动查找对象边界,是比磁性套索和魔棒还要好用的选择工具	★★★★★
✎ 魔棒	在图像中单击,可选择与单击点颜色和色调相近的区域	在工具选项栏中设定的"容差"值越高,选择的颜色范围就越广	★★☆
✐ 钢笔	可绘制平滑的路径,路径可以转换为选区	可通过描摹对象的轮廓,再将路径转换为选区从而选中对象。适合选择汽车、瓷器等边缘复杂、但光滑的对象	★★★★
T 横排文字蒙版	可沿横排方向创建文字形状的选区	只能制作文字选区,不能选取图像	★
T 直排文字蒙版	可沿直排方向创建文字形状的选区	只能制作文字选区,不能选取图像	★
▣ 以快速蒙版模式编辑/退出快速蒙版	创建选区后,单击 ▣ 按钮,可切换到快速蒙版模式。单击 ▣ 按钮则可退出快速蒙版,重新显示选区	主要用于编辑选区。在快捷蒙版状态下,可以使用任何工具或滤镜编辑选区	★★★★

06 石膏几何体——渐变如虹

（入门阶段）

学习要点

学习目标：学习渐变的设置方法，并使用渐变塑造石膏形体。
难易程度：★★★☆☆
技巧：使用智能参考线辅助绘图。
实例类别：软件功能应用类。
素材位置：学习资源/素材/06
效果位置：学习资源/效果/06
视频位置：学习资源/视频/06a、06b

PREVIEW

AFTER

📓 不一样的"调色板"

在工具箱底部有一组很重要的图标，它们用于设置前景色和背景色。

为什么要设置前景色和背景色呀？

我们用传统工具绘画时，要涂一种颜色，就会先在调色板中混合颜料，将颜色调好。用Photoshop画画或编辑图像时，也得先设定好颜色。例如，使用画笔工具时要用到前景色，橡皮擦工具则会用到背景色。

这么说来，前景色和背景色就相当于调色板了吧？

Photoshop的"调色板"比较特别，它是一整套的工具组合，前景色和背景色只是其中之一。

传统绘画的调色工具——调色板

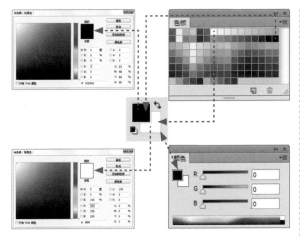

Photoshop 的"调色板"——一个系统的工具组

Photoshop 的"调色板"看似复杂，其实非常简单，只需1分钟就可以学会操作。当我们要调整前景色时，就单击前景色图标 ■，要调整背景色，则单击背景色图标 □。单击这

两个图标以后，都会弹出"拾色器"，这时就可以设定颜色了。

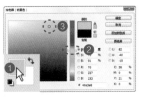

调整前景色　　　　　　　　　　调整背景色

单击 图标可以切换前景色和背景色。单击 图标，则可以将前景色和背景色恢复为默认颜色（前景色为黑色，背景色为白色）。

 切换前景色和背景色　　 恢复前景色和背景色

此外，"色板"面板中提供了一些预设的颜色，单击其中的一个，可将其设置为前景色；按住 Ctrl 键单击则设置为背景色。"颜色"面板的调色方式是拖动滑块，或输入颜色值。

彩虹天堂

我们刚刚学习的调色方法，好像都只能调出单一颜色。有没有能够调出像彩虹一样绚丽色彩的方法呢？

有啊，你说的类似于彩虹般的色彩在 Photoshop 中称为渐变色，它泛指多种颜色逐渐过渡的填色效果，当然，也可以是黑白灰的过渡。

渐变色需要使用特定的工具——渐变工具 ■ 才能表现出来。我们选择该工具后，Photoshop 就会给出默认的渐变颜色——从前景色到背景色。我们可以单击工具选项栏中的 ▼ 按钮，打开下拉面板选择预设的渐变，这其中就有彩虹色。

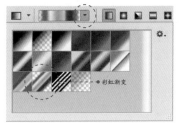

选择渐变色以后，还需要按一个按钮设定渐变的类型，然后在画面中单击并拖动出一条直线，放开按键后即可填充渐变。

渐变类型　　线性渐变　径向渐变　角度渐变　对称渐变　菱形渐变
按钮

另外，我们也可以根据自己的需要自行设定渐变颜色。方法是单击渐变颜色条，在弹出的"渐变编辑器"中进行调整。

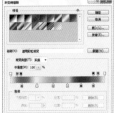

单击渐变颜色条，即可弹出"渐变编辑器"，在这里可以调色

在该对话框中，像油漆桶一样的图标叫作色标。单击一个色标，再单击下面的颜色块，可以打开"拾色器"修改颜色。

拖动色标可以移动其位置，多余的则可拖动到对话框外删除。如果要添加色标，可在渐变条下方单击。

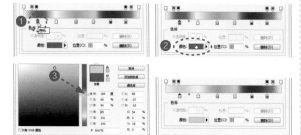

将色标拖动到对话框外删除

在渐变条下方单击添加色标

💡 提示

每两个色标的中间都有一个菱形块，它代表了颜色的混合点，拖动菱形块可以调整颜色混合位置。

🖋 实例动手做

学习绘画的人一般都从最基本的几何形体入手，通过写生训练，掌握形体的结构特点、透视关系、明暗变化规律和基本的造型方法。本实例我们就来使用Photoshop的渐变和选区制作一组逼真的石膏几何体。

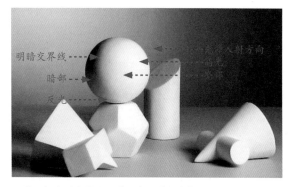

石膏几何体写生是绘画学习者必练的基本功

🕊 技巧：制作对称图形的好帮手

执行"视图 > 显示 > 智能参考线"命令，再执行"视图 > 对齐"命令，启用参考线和对齐功能，可以帮助我们制作对称图形。

01 按Ctrl+N快捷键，打开"新建"对话框，创建一个A4大小的空白文档。

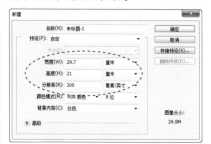

02 选择渐变工具 ▣ ，单击渐变颜色条，打开"渐变编辑器"，调出深灰到浅灰色渐变。在画面顶部单击，然后按住Shift键（可以锁定垂直方向）向下拖动鼠标，为背景填充渐变。

03 单击"图层"面板底部的 按钮，创建一个图层。选择椭圆选框工具 ，按住Shift键拖动鼠标创建一个圆形选区。

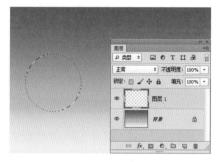

04 选择渐变工具 ，按径向渐变按钮 。打开"渐变编辑器"调整颜色。在选区内单击并拖动鼠标填充渐变，制作出球体。

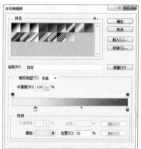

05 按D键，恢复为默认的前景色和背景色。按线性渐变按钮 ，选择前景到透明渐变。

06 在选区外部右下方处单击，向选区内拖动鼠标，稍微进入选区内时放开按键，进行填充。将光标放在选区外部的右上角处，向选区内拖动鼠标再填充一个渐变，增强球形的立体感。

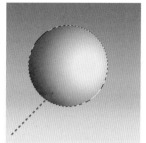
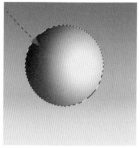

07 按Ctrl+D快捷键取消选择。下面来制作圆锥。使用矩形选框工具 创建矩形选区。

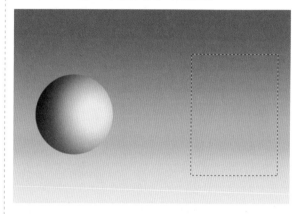

08 单击"图层"面板底部的 按钮，创建一个图层。选择渐变工具 ，调整渐变颜色。按住Shift键，在选区内从左至右拖动鼠标填充渐变。

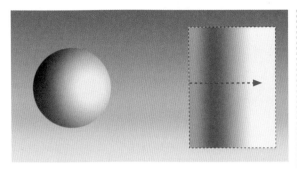

选区运算结果　　　　　反选

09 按Ctrl+D快捷键取消选择。执行"编辑>变换>透视"命令，显示定界框。将右上角的控制点拖动到中央，然后按Enter键确认。

11 按Delete键删除多余部分，然后取消选择，完成圆锥的制作。

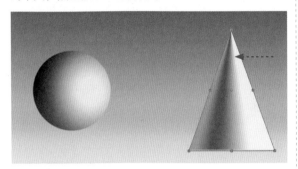

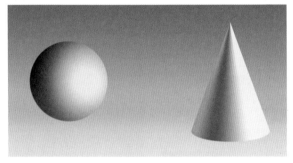

10 使用椭圆选框工具 ◯ 创建选区。用矩形选框工具 ▢ 按住Shift键创建矩形选区，让这两个选区进行相加运算。按Shift+Ctrl+I快捷键反选。

12 下面我们来制作斜角圆柱体。单击"图层"面板底部的 ▦ 按钮，创建一个图层。用矩形选框工具 ▢ 创建选区并填充渐变。

　　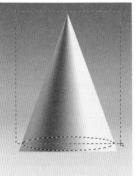

创建椭圆选区　　　　添加矩形选区

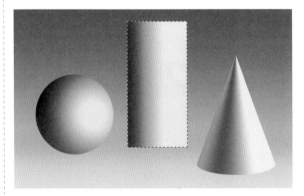

13 采用与处理圆锥底部相同的方法，对圆柱的底部进行修改。

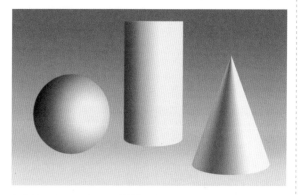

14 使用椭圆选框工具 ⬭ 创建选区。执行"选择>变换选区"命令，显示定界框，将选区旋转并移动到圆柱上半部。

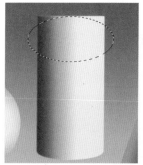 

15 按Enter键确认。单击"图层"面板底部的 🔲 按钮，创建一个图层。调整渐变颜色。

16 先在选区内部填充渐变，然后选择前景到透明渐变样式，分别在右上角和左下角填充渐变。

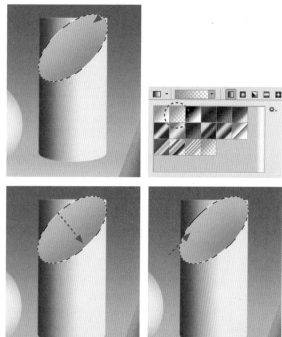

17 按Ctrl+D快捷键取消选择。选择下方的圆柱体图层。

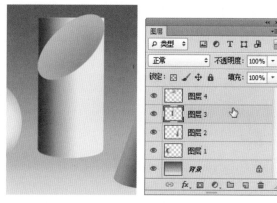

18 使用多边形套索工具 ▽ 将顶部多余的图像选中，按Delete键删除，取消选择，斜面圆柱就制作好了。

19 现在看起来，几何体像是悬浮于空中，我们来添加倒影，让它们"落地"。选择球体所在的图层，按Ctrl+J快捷键复制。

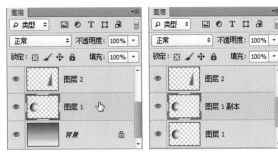

20 执行"编辑>变换>垂直翻转"命令，翻转图像，用移动工具 拖动到球体下方。拖动时，画面中会出现紫色的智能参考线，以这些线为基准，我们就可以非常方便地对称布置图像。

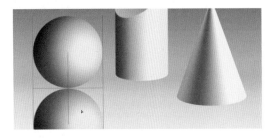

21 单击"图层"面板底部的 按钮，添加图层蒙版。选择黑白渐变样式。

22 由倒影底部向上拖动鼠标，填充渐变。渐变颜色会应用到蒙版中，对图像起到遮盖的作用。

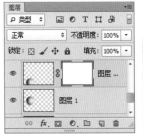

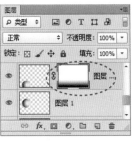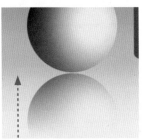

23 另外两个几何体倒影的制作方法也大致相同。只是注意应将投影图层放在几何体层的下方，别让投影盖住几何体就行了。如果有兴趣的话，还可以再进一步加工，使用这组几何体制作超现实主义效果，具体样式，可随意发挥。

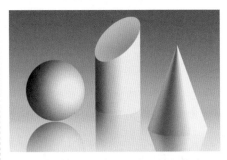

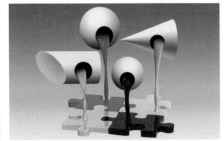

分享我的技巧：使用渐变库

 "渐变编辑器"中的预设渐变用起来很方便，要是样式能再多一点就更好了。

 Photoshop怎么会让用户失望呢？单击"渐变编辑器"中的 ✿ 按钮，打开下拉菜单看一看，这里包含了很多渐变库，都可以载入使用。

另外，本书的学习资源中也提供了渐变库，样式更加丰富，多达500种。载入方法也很简单，只需单击"渐变编辑器"对话框中的"载入"按钮，在弹出的对话框中选择这一渐变库就可以啦。

 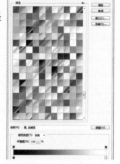

如果不需要这么多的渐变，可在"渐变编辑器"下拉菜单中选择"复位渐变"命令，恢复为Photoshop默认的渐变样式。

大胆尝试吧：雷达图标

 右图是一个雷达图标。它能够呈现出晶莹剔透的玻璃质感，这全是渐变的功劳。

实例素材　　　　　　　　选择前景-透明渐变样式

该实例的素材中已经包含了雷达的基本图形，我们要做的就是赋予它质感。操作方法是，创建两个图层，都填充前景（白色）-透明渐变。这两个渐变的外形有一些区别，得先制作出选区，再进行填充。最后，再用画笔工具 ✏ 点几个亮点就行了。

以上就是操作要点，尝试一下吧。如果有不清楚的地方，可以看一看本实例的教学视频。

第1个渐变的选区形状　　第2个渐变的选区形状

07 独一无二的笑脸——拼图大师

（入门阶段）

PREVIEW

"填充"命令

 渐变工具可以创建漂亮的多色填充效果，但如果我想填充单色，还能用它吗？

填充单色应该使用"编辑"菜单中的"填充"命令，打开"填充"对话框设置颜色。这其中，前景色和背景色最常用。我介绍一个小技巧，可以在不打开对话框的情况下直接填色，操作方法很简单，按 Alt+Delete 快捷键即可填充前景色；按 Ctrl+Delete 快捷键则填充背景色。

"填充"对话框中的"内容识别""图案""历史记录"选项又是做什么用的呢？

如果在图像中创建了选区，选择"内容识别"选项时，Photoshop 就会使用选区周围的图像进行填充，并对光影、色调等进行融合，使图像看上去浑然一体，非常神奇。

如果选择"历史记录"，则会使用"历史记录"面板中设定的快照来填充图像。如果选择"图案"，则可以使用一种图案来进行填充。

选中人物

用"内容识别"填充

实例动手做

使用"填充"命令时，我们既可以用 Photoshop 预设的图案，也可以将图像定义为图案来进行填充，在创作方面有极大的自由度。下面我们就来看一看，自定义图案会带来怎样的奇妙效果吧。

01 按Ctrl+O快捷键，打开一个人物素材。

02 执行"图像>复制"命令，复制出一个相同的文档，我们来用这个图像创建自定义的图案。先得修改一下文件的尺寸。

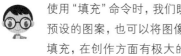

03 执行"图像>图像大小"命令，打开"图像大小"对话框。勾选"重定图像像素"选项，再将"宽度"和"高度"都设置为0.2厘米，然后按"确定"按钮，将文件尺寸调小，它会变得只有原来的1/40大。

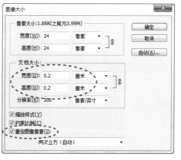

04 执行"编辑>定义图案"命令，打开"图案名称"对话框。在这里可以输入图案的名称，按Enter键关闭对话框，将人物图像定义为一个基本的图案单元。将该文件关闭，不必保存。

05 现在我们又回到了原始文档中，下面可以填充图案了。单击"图层"面板底部的 按钮，创建一个图层。

06 执行"编辑>填充"命令,打开"填充"对话框。在"使用"下拉列表中选择"图案",然后单击 按钮,打开下拉面板,选择我们创建的图案,按Enter 键进行填充。

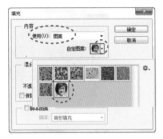
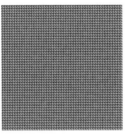

07 将图案层的混合模式设置为"强光",让下面的人像显现出来。

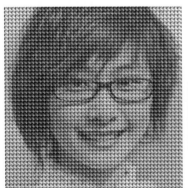

08 现在图像还不是特别清晰,我们来调一下颜色和对比度。选择"背景"图层。执行"图像>调整>自然饱和度"命令,提高色彩的饱和度。

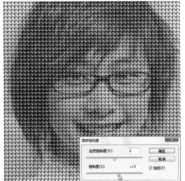

09 执行"图像>调整>亮度/对比度"命令,提高亮度和对比度。

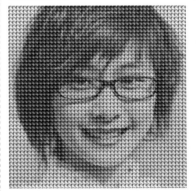

在前面的实例中，有一个关键步骤，就是先将图像调小，再定义为基本图案。调整图像尺寸看似简单，其实这里面大有玄机。如果勾选"重定图像像素"选项，就会锁定分辨率。当我们将宽度和高度调小时，图像的实际尺寸会变小，但画质不会受到影响。要是我们增加宽度和高度，则图像尺寸会变大，不过，画质会下降，也就是说文件调得越大，反而越不清晰了。

勾选"重定图像像素"，图像高度增加至20厘米（原尺寸为10厘米），分辨率未变，图像尺寸变大之后，画面细节有些模糊

如果不勾选"重定图像像素"选项，则会出现另外一种情况，Photoshop会自动更改分辨率，导致不论我们增加尺寸，还是减小尺寸，图像的大小看起来都不会有任何改变，画质也不会出现变化。

未勾选"重定图像像素"，将图像高度增加至20厘米，此时分辨率改变，但图像的视觉大小没有变化，画质清晰依旧

在"填充"对话框中，Photoshop藏了很多宝贝图案，如地毯、水晶、水滴、布纹、蜂窝、气泡、金属、树叶、草、灌木等，它们可是有大用处的。例如，右上图是一个有趣的草坪钱包，它就是用"草"图案进行填充而制作出来的。

该实例的制作方法是，先用快速选择工具 选中钱包，再打开"填充"对话框，载入"自然图案"库，选择

其中的"草"图案，并设置混合模式为"叠加"就成啦。你也尝试一下吧！如果有不清楚的地方，可以看一看本实例的教学视频。

08 小新，小心呀！——神奇画笔

（入门阶段）

PREVIEW

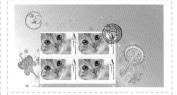

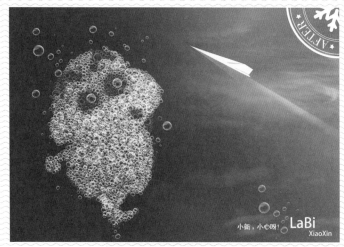

小新，小心呀！ LaBi XiaoXin

强大的画笔

用Photoshop能画画吗？

当然可以了。Photoshop提供了非常完备的绘画和
色彩处理工具，无论是人物肖像、素描、油画、
水粉、水墨画，还是卡通漫画等，都可以表现出
来。下面就是我的几个PS鼠绘（即Photoshop绘画）实例。

鼠绘跑车

鼠绘石膏像

鼠绘国画（临摹徐悲鸿的奔马）

这3幅画用到了不同的绘画工具和绘制方法，比较
有代表性。石膏像使用了加深工具 和减淡工具。

刻画体积关系，铅笔线条是通过自定义的笔尖制作出来的。国画用画笔工具 绘制，笔墨效果需要调节"画笔"面板中的选项才能完美地表现出来。跑车则用钢笔绘制出各个部件，再将路径转换为选区来限定绘画区域，以保证轮廓光滑、整体流畅。

在所有这些工具中，最重要的是画笔工具 。画笔工具类似于传统的毛笔，它不仅可以绘制线条，还常用来编辑蒙版和通道。

 一个画笔工具就有那么多的用处啊。

别看 Photoshop 只提供了一支"画笔"，它可是能够更换笔尖的呦。笔尖存储在"画笔"面板和画笔工具选项栏下拉面板中，我们选择其中的一个之后，还可以改变它的参数，使笔触效果更加真实。

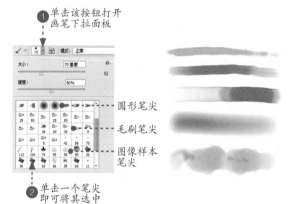

① 单击该按钮打开画笔下拉面板

圆形笔尖
毛刷笔尖
图像样本笔尖

② 单击一个笔尖即将其选中

本书的配套学习资源中也提供了很多笔尖，我们只

要执行画笔下拉面板菜单中的"载入画笔"命令，就可以将它们加载到 Photoshop 中使用啦！

执行"载入画笔"命令

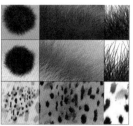

学习资源中附赠的部分笔尖资源

此外，在后面的实例中，经常会用到一个叫作"柔角画笔"的工具，这里我介绍一下设定方法。柔角是指选择一个笔尖后（通常是圆形笔尖），降低它的"硬度"值（低于100%即可），使其边缘呈现柔化效果。与柔角画笔对应的是尖角画笔，它是指硬度值为100%、边缘清晰的笔尖。

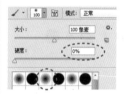

硬度值低于100%，可得到柔角笔尖（边缘呈柔化效果）

硬度值为100%，可得到尖角笔尖（边缘呈清晰效果）

实例动手做

01 按 Ctrl+O 快捷键，打开一个文件。我们来制作一个由气泡组成的可爱的蜡笔小新。

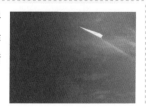

02 打开"路径"面板，这里面有一个矢量图形，它是小新的外形轮廓。单击该路径将其选择，画面中会显示出轮廓线，我们来将它转换为像素线条。

06 Photoshop没有气泡笔尖，我们得自己创建一个。打开一个图像素材，用它来定义气泡。别看现在它还只是一个类似于棋子状的图形，一会儿我们就能让它变为透明的泡泡。

03 单击"图层"面板底部的 🔲 按钮，创建一个图层。选择画笔工具 ✏️，在工具选项栏的画笔下拉面板中选择一个尖角笔尖。

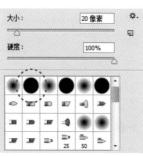

07 按住Ctrl键单击该图形的缩览图，载入选区，将它选中。

04 将前景色设置为白色。单击"路径"面板底部的 ⭕ 按钮，用画笔对路径进行描边，小新的外形就呈现出来了。用它作为参照模板，可以确保绘制出的形象准确、生动。

08 执行"编辑>定义画笔预设"命令，打开"画笔名称"对话框，输入画笔名称，单击"确定"按钮，完成画笔的定义。

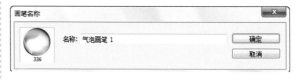

💡 提示 ▷▷▷▷▷▷▷▷▷▷▷▷▷▷▷▷▷▷

在Photoshop中，任何图像都可以定义为画笔（属于图像样本类笔尖）。不过，定义出的笔尖是黑白效果的，而没有色彩。我们需要设定前景色才能让画笔绘制出色彩。

09 将气泡文档关闭。单击"图层"面板底部的 🔲 按钮创建一个图层。选择画笔工具 ✏️，按F5快捷键打开"画笔"面板。该面板提供了更多的画笔参数选

05 按Ctrl+H快捷键，或在"路径"面板的空白处单击一下，将画面中的路径隐藏。

项。首先找到我们定义的画笔笔尖，然后调整画笔大小（气泡大小）和间距（气泡之间的距离）。

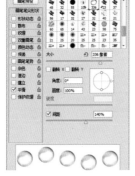

10 分别单击左侧列表中的"形状动态""散布"选项，并设置相应的参数，让气泡的大小和疏密呈现变化。

11 确认一下，现在的前景色是白色。使用画笔工具 🖌 在画面中单击并拖动鼠标，基于模板勾勒出小新的轮廓。

12 在轮廓内部涂抹，填满气泡。单击"图层"面板底部的 🔲 按钮，新建"图层3"，将它的不透明度设置为50%。在模板图层（"图层1"）的眼睛图标 👁 上单击一下，将该图层隐藏。

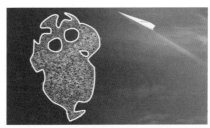

13 在轮廓内部继续涂抹气泡，并将头顶、眼睛和嘴巴等缺失的地方补全。

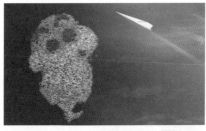

14 单击"图层"面板底部的 🔲 按钮，创建一个图层。按几下] 键，将笔尖调大，在两个眼睛内各单击一下，点出眼珠。

15 按几下 [键，将笔尖调小，在头顶和下巴等轮廓外侧涂抹一些小气泡，让效果更加生动。

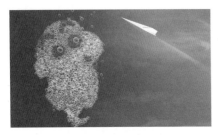

16 单击"图层"面板底部的 按钮，创建一个图层。在眼睛和嘴巴外侧绘制一圈气泡，增强五官的立体感。

 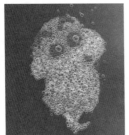

17 按几下 [键，将笔尖调小，绘制出小新的小手。

 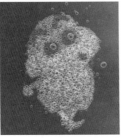

18 按几下] 键，将笔尖调大，在小新的头顶绘制一些大气泡。

 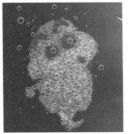

19 按 Alt+Shift+Ctrl+E 快捷键，将当前图像效果盖印到一个新的图层中，设置该图层的混合模式为"叠加"，不透明度为 65%，让气泡更加清晰。

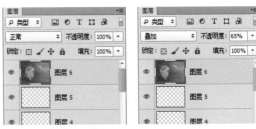

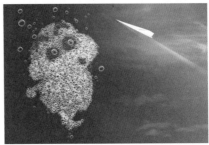

20 最后，可以使用横排文字工具 T 输入一些文字，让版面更加充实。

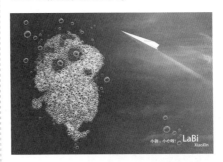

技巧：画笔工具的使用技巧

按键盘中的数字键可以调整画笔工具的不透明度。例如，按 1，画笔不透明度为 10%；按 75，不透明度为 75%；按 0，不透明度会恢复为 100%。此外，使用画笔工具时，在画面中单击，然后按住 Shift 键单击画面中任意一点，两点之间会以直线连接。按住 Shift 键还可以绘制水平、垂直或以 45° 角为增量的直线。

分享我的技巧：说说数位板

 在电脑上画画有一个很大的问题，就是鼠标不能像真正的画笔那样听话。如果是专业从事绘画创作的人，可以配一个数位板。数位板由一块画板和一支无线压感笔组成，就像是画家的画板和画笔。它可以感知手腕的各种细微动作，对于压力、方向、倾斜度等具有精确的灵敏度，能够表现出各种真实的笔触效果。

 我也想买一个数位板，该选什么样的好呢？

 数位板中Wacom是很好的品牌。入门级用户可以买它的丽图系列（￥500以内）；CG爱好者和美术专业的学生可以选择贵凡系列（￥1500以内）；专业的画家和资深的CG用户一般使用影拓系列（￥3000以上）。

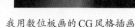

Wacom影拓数位板　　　我用数位板画的CG风格插画

大胆尝试吧：制作猫咪邮票

下图是一个个性化的邮票实例，邮票齿孔效果是使用画笔描边路径后制作出来的。

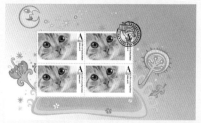

实例效果

该实例的操作方法是按住Ctrl键单击素材文档中的邮票缩览图，载入选区，然后单击"路径"面板底部的 按钮，将选区存储为路径。

按住Ctrl键单击缩览图载入选区，再将选区保存为路径

创建一个图层。在"画笔"面板中选择一个尖角笔尖，画笔大小设置为18px，间距调整为150%。将前景色设置为白色，单击"路径"面板底部的 按钮，用画笔对路径进行描边，即可制作出齿孔。

如果要复制邮票，可按住Ctrl键单击邮票和齿孔图层，将它们同时选择，然后选择移动工具 ，按住Alt+Shift快捷键（锁定水平或垂直方向移动）拖动就可以了。如果想要让效果更加真实，可双击齿孔图层，打开"图层样式"对话框，添加"内阴影"效果。

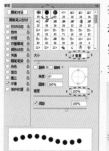

画笔参数　　　　描边效果

以上就是操作要点，尝试一下吧。如果有不清楚的地方，可以看一看本实例的教学视频。

09 难道是阿拉丁神灯？——
图层蒙版的奥秘
（入门阶段）

学习要点

学习目标：了解图层蒙版的原理，能够熟练使用画笔等工具编辑图层蒙版。
难易程度：★★★☆☆
技巧：通过蒙版控制图像的透明度。
实例类别：图像合成类。
素材位置：学习资源/素材/09
效果位置：学习资源/效果/09
视频位置：学习资源/视频/09a~09c

PREVIEW

两种方法，两种结果

 初学者掌握了 Photoshop 的基本操作方法以后，再想上一个台阶，就需要突破 Photoshop 的核心功能。

 Photoshop 有那么多功能，哪些是核心功能呢？

 选区、图层、蒙版和通道是 Photoshop 最为核心的几个功能，只有将它们一一攻破，才有可能成为 PS 高手。图层和选区我们前面已经学习过了，通道由于比较复杂，得放在后面讲解。下面我们要介绍的是用于合成图像的功能——图层蒙版。

 我知道，图像合成就是将不同的素材去除背景以后合成到一个画面当中。我们已经有了选框、套索、橡皮擦等可以去除背景的工具，为什么还要学图层蒙版呢？

 Photoshop 是一个非常了不起的软件，它的强大之处体现在同一种效果可以使用不同的方法来实现，即所谓"同归而殊途"。你所提到的几个工具，它们都有一个共同点，就是会将背景删除，而图层蒙版则可以保留背景，这对于图像合成来讲，好处简直太大了。我们还是通过一个小练习来切身感受一下吧。

01 打开两个图像文件，使用移动工具 ▶⊹ 将小孩图像拖入鼠标文档中。

02 执行"图像>复制图像"命令，复制文档。现在有了两个相同的文档，我们先来编辑其中的一个，尝试第一种方法。

03 观察图像可以看到，位于上层的小孩遮住了下层的鼠标。选择快速选择工具 ✐，在工具选项栏中取消"对所有图层取样"选项的勾选。将背景选中，按Delete键删除，再按Ctrl+D快捷键取消选择，我们就制作出一幅有趣的合成效果啦。

 糟糕！我连投影也删掉了，而且小孩的手也残缺不全，这该怎么办呀？

 由于你创建的选区不够精确，导致多删了一些图像，解决办法只有一个，撤销前面的所有操作，将文件恢复为最初状态，再重新制作一遍。

 这么麻烦啊！看来以后作图还得认真、认真、再认真。

 显而易见，采用删掉背景的方法操作时，即便出现一个小小的失误，也不得不推倒重来。也许有人会觉得Photoshop不够人性化，实则不然，出现这种情况的原因在于我们采用了错误的方法。正确方法应该是用图层蒙版合成图像。我们再来进行下面的操作，看一看图层蒙版都有哪些优势。

01 现在我们来编辑另外一个文档。单击"图层"面板底部的 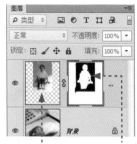 按钮，创建一个图层蒙版。当前图层的右侧会出现一个白色的缩览图，它就是蒙版。此时的图像不会有任何变化。我们来编辑蒙版。

02 还是用快速选择工具 选中背景。选中投影也不要紧，这一次有个大概的选区就行。

03 现在工具箱中的前景色是黑色，按Alt+Delete快捷键，在选区内填充黑色。我们当前处于蒙版编辑状态，因此，填充的黑色会应用到蒙版中。按Ctrl+D快捷键取消选择。观察图像可以发现，蒙版中的黑色将小孩的背景遮挡住了，但图像并没有被删除，因为图像缩览图仍然是完整的。

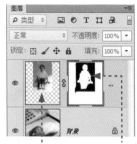 

图像缩览图是完整的，说明图像没有受到任何破坏

图层蒙版中的黑色将小孩的背景遮挡住了，显示出了下面层中的图像(鼠标)

04 选择画笔工具 ，将前景色设置为白色，在小孩的手臂、鞋子下方涂抹，可以看到，被涂抹过的地方，图像又重新显现出来了，就像是变魔术一样。

05 我们虽然将投影重新显示出来，但投影效果还过于生硬，与鼠标融合得不那么自然，我们还得靠蒙版来帮忙。将前景色设置为黑色，将画笔的不透明度调整为50%，再次涂抹投影。由于调整了画笔的不透明度，涂抹出的不再是黑色，而是灰色，这时图像中被涂抹过的投影变淡了，图像的合成效果就会显得更加真实。

明明白白话蒙版

实例虽然结束了，但我们对图层蒙版的解读才刚刚开始。现在我们来总结一下图层蒙版的原理。"图层"面板中的蒙版缩览图太小，不容易观察效果，按住Alt键单击它，在文档窗口中显示蒙版图像（再单击一下，可以恢复为显示图像）。

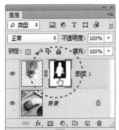

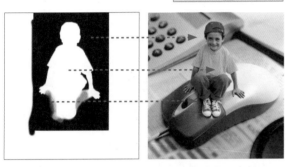

图层蒙版是蒙在图层上面、用于遮挡图像的一种东西。观察图层蒙版可以看到，凡是被涂抹成白色的地方，当前图层中的图像就能显现；凡是被涂抹成黑色的地方，则会遮挡住当前图层中的图像。

那蒙版中的灰色又该怎样理解呢？

灰色介于白、黑之间，它既不能完全显示图像，也不能完全遮盖图像，因此，灰色的作用是让图像呈现出一定程度的透明效果。

好了，现在该是解开蒙版谜团的时候了。我们转换一下思维，抛掉蒙版可以遮盖图像这一概念，也不去观察它，只看图像效果，你就会发现蒙版的奥秘，原来它是用于调整图像透明度的功能！

那蒙版岂不是与"图层"面板中的"不透明度"选项的用途一样了？

不错，它们的用途完全一样，只不过蒙版更加灵活、更加强大。"图层"面板中的"不透明度"选项只能控制当前图层的整体不透明度，而蒙版可以改变局部图像的不透明度。

原图

调整"不透明度"值时，当前图层中的图像呈现出相同的透明效果

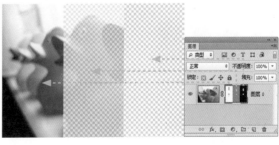

在这个图像中，由于使用了图层蒙版，当前图层同时存在3种透明状态，从左侧的完全显示到中间的半透明、再到右侧的完全透明

啊，原来如此！我根据自己的理解总结一句蒙版口诀吧：白色完全显示，黑色完全隐藏，灰色越深越透明。

非常正确，看来你已经完全理解蒙版的原理了。

蒙版的使用技巧

我们创建蒙版时，观察它的缩览图，会发现有一个外框，这表示蒙版处于当前编辑状态，也就是说，此时我们的操作将应用于蒙版。如果要编辑图像，应先在图像缩览图上单击，让边框转移到它上面，再进行操作。

蒙版处于编辑状态　　　　图像处于编辑状态

在这两个缩览图中间有一个 🔗 状图标，它将图像与蒙版链接在一起，如果要单独移动、旋转、缩放图像而不影响蒙版，或者编辑蒙版而不影响图像，可单击该图标取消链接，再进行相应的操作。

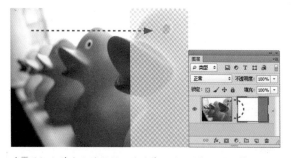
在 🔗 图标上单击取消链接，移动蒙版时，图像位置保持不变

按住Shift键单击蒙版缩览图可暂时停用蒙版，蒙版上会出现一个红色的"×"，这时可以观察完整的图像。如果要启用蒙版，按住Shift键在它的缩览图上单击一下即可。

蒙版是一种灰度图像，它会占用一定的存储空间，因此，删除一些蒙版可以减少图像占用的存储空间。将蒙版拖动到"图层"面板底部的 🗑 按钮上，在弹出的对话框中可以选择删除方式，"应用"表示删除蒙版以及被它遮盖的图像；"删除"表示删除蒙版，恢复图像。

实例动手做

通过前面的学习，我们已经了解了图层蒙版的原理和使用方法，下面该是检验学习成果的时候了，我们来为灯泡移植一个美丽的田园图景吧！

01 按Ctrl+N快捷键，打开"新建"对话框，创建一个26厘米×18.5厘米、300像素/英寸的文件。

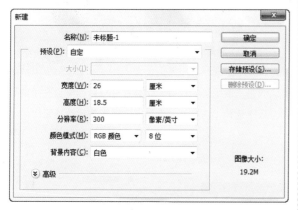

02 将前景色设置为浅褐色，背景色设置为白色。选择渐变工具 ，在工具选项栏中按径向渐变按钮 ，在画面中填充渐变颜色。

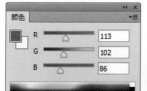 

03 按Ctrl+O快捷键，打开一个灯泡素材。"路径"面板中包含了它的轮廓路径。单击路径，再按Ctrl+Enter快捷键将其转换为选区，选中灯泡。

04 选择移动工具 ，将光标放在选区内，单击并拖动鼠标，将灯泡拖入新建的文档中。

05 按住Ctrl键单击灯泡缩览图，从图层中载入灯泡的选区，将它重新选中。

06 选择多边形套索工具 ，按住Alt键在灯泡的螺丝口处创建选区，通过选区的运算，将此处图像排除到选区之外。

07 打开一个风光素材。按Ctrl+A快捷键全选，按
Ctrl+C快捷键将图像复制到剪贴板中。

08 切换到新建的文档，执行"编辑>选择性粘贴>贴
入"命令，将图像贴入该文档中。由于当前文档
中有灯泡选区存在，Photoshop会为贴入的图像添加图
层蒙版，并将选区转化到蒙版中，将选区之外的风光
图像隐藏起来。

09 按Ctrl+T快捷键显示定界框，调整风光图像的角
度，按Enter键确认变换。

10 双击当前图层，打开"图层样式"对话框，在左侧列
表中选择"内发光"选项，为风光图像添加该效果。

11 选择灯泡所在的图层，按住Ctrl键单击它的缩览图，
载入灯泡选区。

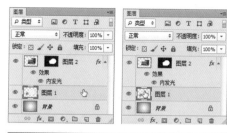

13 为了增强灯泡的立体感，我们还需要制作灯泡的阴影和高光区域。首先制作阴影区域。在"图层"面板顶部创建一个名称为"暗部"的图层，然后按住Ctrl键单击灯泡所在图层的缩览图，载入灯泡的选区。

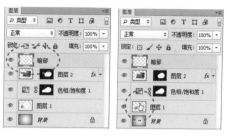

14 将前景色设置为黑色，按Alt+Delete快捷键填充前景色。

12 单击"调整"面板中的 按钮，在"图层1"上面创建"色相/饱和度"调整图层，将灯泡螺丝口调整为暖灰色，以便与背景的色调相一致。

15 选择多边形套索工具 ，在工具选项栏中按新选区按钮 ，将光标放在选区内部，单击并向左上方拖动鼠标，移动选区。按Delete键删除选区内的黑色。

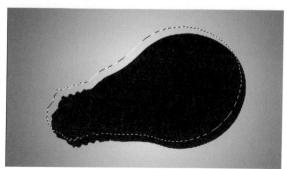

16 取消选择。选择橡皮擦工具 ✐ 并在工具选项栏中选择一个柔角笔尖，设置不透明度为20%。将灯头部分的黑色适当擦除，让此处的颜色变淡一些，以便与灯泡的阴影有所区别。

17 新建一个名称为"亮部"的图层，采用同样的方法制作出灯泡的高光，即先载入灯泡选区，然后填充白色，向下移动选区并删除多余的白色就可以了。

18 按Ctrl+J快捷键复制"亮部"图层，得到"亮部副本"图层，将该图层隐藏，再重新选择"亮部"图层。

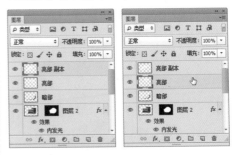

19 使用橡皮擦工具 ✐ 将高光的边缘擦淡一些。再用移动工具 ✤ 将图像稍微向下移动一点，让黑边显示出来，这样可以表现出灯泡的厚度。

20 将该图层的不透明度设置为72%，使亮部色调柔和、自然。

23 新建一个名称为"光照"的图层，按住Ctrl键单击灯泡所在图层的缩览图，载入灯泡选区。使用渐变工具  在选区内填充黑白径向渐变。

21 选择并显示"亮部副本"图层，调整它的混合模式和不透明度。

24 设置该图层的混合模式为"叠加"，不透明度为51%。

22 使用橡皮擦工具  将该图层上的高光边缘也擦淡一些。

25 下面我们在靠近灯泡边缘处添加一些模糊的风光图像，以提高灯泡的透明度。选择风景所在的图层，按住Ctrl键单击它的蒙版缩览图，载入选区，按

Ctrl+J快捷键，将选中的图像复制到新的图层中。将该图层的效果图标 *fx*. 拖动到 🗑 按钮上，删除效果。

26 按住Ctrl键单击该图层的缩览图载入选区，选择多边形套索工具 ，将光标放在选区内，向左下方移动选区。

27 按Delete键删除选中的图像，然后再按Shift+Ctrl+]快捷键，将该图层移动到顶层。

28 执行"滤镜>模糊>高斯模糊"命令，对图像进行适当的模糊。

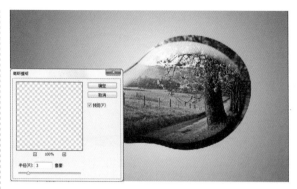

29 用橡皮擦工具 将图形的边缘擦淡。

30 下面我们来处理背景。打开一个建筑素材，将它拖入灯泡文档中，放在"背景"图层上面，设置混合模式为"线性加深"。

31 单击  按钮添加图层蒙版。按D键，恢复为默认的前景色和背景色。选择渐变工具 ，在工具选项栏中按线性渐变按钮 ，在蒙版中填充黑白线性渐变。

32 新建一个图层，设置不透明度为85%。将前景色设置为白色，打开渐变下拉面板，选择前景-透明渐变样式，在画面左上角单击并向画面中心拖动鼠标填充渐变，将画面上部图像的影调提亮。

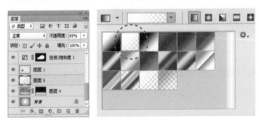

33 最后再来为灯泡制作一个投影，效果就完美了。新建一个图层。选择柔角画笔工具 ，打开"画笔"面板，将笔尖调整为扁平状。

34 在灯泡底部绘制投影。在操作时，可以根据实际情况按 [键和] 键，随时调整笔尖大小。

原图

图层蒙版在 Photoshop 中的应用非常广泛。除"背景"图层之外，任何图层都可以添加图层蒙版。此外，当我们创建调整图层、填充图层、使用智能滤镜时，Photoshop 还会自动为图层添加一个蒙版。

图层蒙版是创建图像合成效果的最主要的工具。它的最大好处是只隐藏图像，而不会删除图像，因此，使用蒙版处理图像是一种非破坏性的图像编辑方式。

 "非破坏性编辑"——从字面上理解就是不会破坏图像的一种编辑方法吧？

 完全正确。从1995年Photoshop 3.0版本出现图层以来，各种非破坏性编辑功能就以图层为依托相继诞生了，如调整图层、填充图层、矢量蒙版、剪贴蒙版、图层样式、智能对象、智能滤镜（参见右侧图示）等。非破坏性编辑是图像处理的大趋势，像层、调整层、蒙版这些功能在动画软件Flash、影视后期特效软件After Effects中也都有。

通过蒙版控制智能滤镜的有效范围，使滤镜只影响局部图像

 图层蒙版是我们发挥创意的好帮手，有了它，任何奇思妙想都能呈现出来。例如，下面图中练瑜伽的狗狗便是用图层蒙版做出来的。

素材   练瑜伽的狗狗

该实例的素材是一只普通的狗狗。我们先在"小狗"图层

上创建蒙版，然后使用画笔工具 ✎ 在小狗的后腿和尾巴上涂抹黑色，将其隐藏。按住Alt键向下拖动"小狗"图层进行复制，旋转图像，在蒙版中涂抹黑色，只保留一条后腿，其余部分全部隐藏。采用同样方法制作出另一条旋转的腿，瑜伽动作就完成了。

按照以上方法尝试一下吧。如果有不清楚的地方，可以看一看本实例的教学视频。

10 神奇放大镜——剪贴蒙版的妙用

学习要点

学习目标：了解剪贴蒙版，利用剪贴蒙版的特性制作特效，即将放大镜放在一幅素描画上移动时，可以看到真实的人像效果。
难易程度：★★★☆☆
技巧：用基底图层控制剪贴蒙版组的不透明度和混合模式。
实例类别：视觉特效类。
素材位置：学习资源/素材/10
效果位置：学习资源/效果/10
视频位置：学习资源/视频/10a、10b

PREVIEW

剪贴蒙版的结构

 我们浏览网站或欣赏电影海报时，经常会看到一些在文字中显示图像或在图形中显示图像的作品，这种效果大多是通过剪贴蒙版制作出来的。

 剪贴蒙版与图层蒙版相比，最主要的区别是什么呢?

 剪贴蒙版也是一种用来隐藏图像内容的蒙版，它的最大特点是可以通过一个图层来控制位于它上方的多个图层的显示区域。而图层蒙版只对一个图层有效。

原图像及
图层结构

创建剪贴蒙版后的图像效果及图层状态

"图层"面板中的图层结构很奇怪！而且也没有蒙版出现呀？

剪贴蒙版的结构比较特殊。在剪贴蒙版组中，最下面的图层叫作"基底图层"，它的名称带有下划线；位于它上面的图层叫作"内容图层"，它们的缩览图是缩进的，并都有↓□状图标（指向基底图层）。

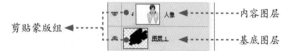

基底图层中的透明区域充当了整个剪贴蒙版组的蒙版。直白一点说就是，基底图层的透明区域就像蒙版一样，可以将内容图层中的图像隐藏起来。而图层蒙版则是通过蒙版中的灰度来决定哪些图像显示、哪些图像隐藏。

另外，移动基底图层，还可以改变内容层中图像的显示区域。下面我们就利用剪贴蒙版的这种特性，制作一个放大镜特效吧。

基底图层充当了蒙版，其透明区域将内容图层中的图像隐藏起来

移动基底图层，就会改变内容层的显示范围

✐ 实例动手做

01 按Ctrl+O快捷键，打开学习资源中的素材文件，选择魔棒工具 🪄，在放大镜的镜片处单击，创建选区。

02 单击"图层"面板中的 🗔 按钮，新建一个图层。按Ctrl+Delete快捷键在选区内填充背景色

（白色），按Ctrl+D快捷键取消选择。

03 按住Ctrl键单击"图层0"和"图层1"，将它们选择，单击链接图层按钮 🔗，将两个图层链接在一起。

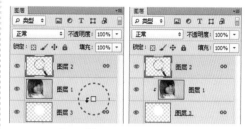

"背景" 层中的素描画。

04 打开一个文件。该图像包含两个图层,上面层是一个写真照片,下面层是素描画像。

05 使用移动工具 ▶⁺ 将放大镜拖入该文档中,将这两个图层放在"背景"图层上方。

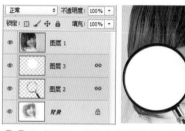 

06 拖动图层,调整它们的堆叠顺序,让白色圆形所在的图层位于人像图层的下方,让放大镜图层位于最顶层。

08 选择移动工具 ▶⁺ ,在画面中单击并拖动鼠标(移动"图层3"),可以看到,放大镜移动到哪里,哪里就会显示人物写真,非常神奇。

07 按住Alt键,在分隔"图层3"和"图层1"的线上单击,创建剪贴蒙版。现在放大镜外面显示的是

💡 提示 ▸▸▸▸▸

执行"图层>创建剪贴蒙版"命令,可以将当前图层与它下面的一个图层创建为剪贴蒙版组。剪贴蒙版组可以包含多个图层,但它们必须是上下相邻的。如果要释放剪贴蒙版,可以采用与创建蒙版时相同的方法,即按住 Alt 键(光标变为 ↓□ 状)在图层分隔线上单击,或者选择内容图层,再执行"图层>释放剪贴蒙版"命令。

基底图层在剪贴蒙版组中扮演着非常重要的角色，它不仅控制着所有内容图层的显示范围，还会影响它们的不透明度和混合模式。

举例来说，如果我们将基底图层的不透明度设置为50%，内容图层中的图像就会呈现出半透明效果；如果改变基底图层的混合模式，则内容图层也会采用这种模式与下方的图像混合。

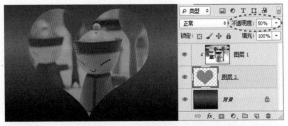

基底图层的不透明度为50%，内容图层呈现半透明效果

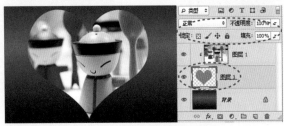

剪贴蒙版效果，基底图层使用默认的不透明度和混合模式

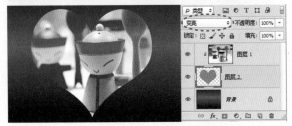

基底图层为"变亮"模式，内容图层也采用这种模式与剪贴组下面的图像（"背景"图层）混合

大胆尝试吧：可爱的Baby

下图是一个剪贴蒙版应用实例，小Baby图像被剪贴在了图形和文字范围内。

实例效果　　　　　　　　素材

双击基底图层（"图层1"），打开"图层样式"对话框，为文字和心形添加"描边"和"投影"效果。按照以上方法尝试一下吧。如果有不清楚的地方，可以看一看本实例的教学视频。

该实例的制作方法是，将Baby素材拖入云朵文档中，放在云朵和文字上方，按Shift+Ctrl+G快捷键创建剪贴蒙版。

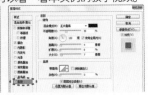

好用的

Photoshop

好学、好用、好玩的Photoshop·写给初学者的入门书（第4版）

Continued ▶ 101~166

"花花"世界——
让人着迷的色彩
（提高阶段）

PREVIEW

学习要点

学习目标：了解色彩的概念，学习 Photoshop 调色工具的使用方法，掌握溢色的识别方法。

难易程度：★★☆☆☆

技巧：通过色轮理解色彩的变化规律，调整图像时参考标准曲线图。

实例类别：调色与照片处理类。

素材位置：学习资源/素材/11

效果位置：学习资源/效果/11

视频位置：学习资源/视频/11a~11e

色彩常识跟我学

Photoshop 是当之无愧的色彩处理大师，在它的"图像>调整"菜单中，提供了 20 多种工具，它们有的用于调整色相，如"色彩平衡""可选颜色"命令；有的用于调整饱和度，如"色相/饱和度""自然饱和度"命令；有的用于调整明度和色调，如"曲线""色阶"命令。

好想学调色，可对色相、饱和度等色彩基本常识还不太了解，能简要介绍一下吗？

色彩是光刺激人的眼睛所产生的视感觉。色彩有几种属性，分别是色相、饱和度、明度和色调。色相是指色彩的相貌，也就是我们平常所说的红、绿、蓝等；饱和度是指色彩的鲜艳程度，如淡绿、灰绿；明度是指色彩的明暗程度，如深绿、浅绿；而以明度和饱和度共同表现的色彩的程度则称为色调，如高亮、明亮、清澈、阴暗、黑暗等。

色相变化

饱和度变化

明度变化   色调变化

当两种或多种色彩混合在一起时，就会产生新的颜色。色彩混合有两种方式，一种是加色混合，另一种是减色混合。

加色混合通过色光三原色按照不同的比例混合而创建色彩。Photoshop 称之为 RGB 模式。像幻灯片、LED、电脑、电视等一般都采用 RGB 模式。减色混合则是指本身不能发光，但能吸收一部分光，并将余下的光反射出去的色料混合。Photoshop 称之为 CMYK 模式。像印刷用油墨、染料、绘画颜料等都属于减色混合。

加色混合：红、绿混合生成黄；红、蓝混合生成洋红；蓝、绿混合生成青

减色混合：青、洋红混合生成蓝；青、黄混合生成绿；黄、洋红混合生成红

 RGB 和 CMYK 模式除了色彩合成原理不一样外，还有其他区别吗？

 CMYK 的色彩范围（也称色域）要比 RGB 模式小，因此，有些鲜艳的 RGB 色彩在 CMYK 里是找不到的。例如，很多人都会遇到这样的情况，同样是一张照片（RGB 模式），冲印出来的效果不如在电脑上看着色彩鲜艳（冲印过程为 CMYK 模式），这就是由于色域不同而造成的。

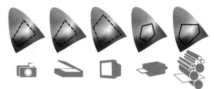

各种设备的色域范围图，印刷机、喷墨打印机的色域较小

🗒 色彩平衡魔法师

 为了对色彩有更进一步的认识，我再介绍一个调色好帮手——色轮。在色轮中，处于对角线位置的颜色是互补色，如红与青、黄与蓝、绿与洋红。

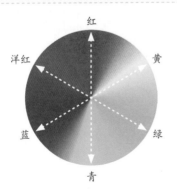

了解补色关系非常重要，这是因为，我们调色时，增加一种颜色的含量，就会降低其补色的含量，反之亦然。例如，增加红色时，Photoshop 就会减少青色，从而实现色彩平衡；而减少红色，则会增加青色。我们还是实际动手操作一下吧。

01 打开一张照片。执行"图像>调整>色彩平衡"命令，打开"色彩平衡"对话框。我们可以看到三个颜色条，它们两端的颜色都是互补色。勾选"保持明度"选项，防止调色时改变色彩的明度。

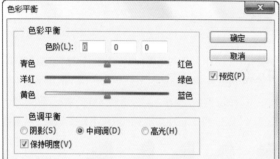

04 掌握了色彩的变化规律以后，就可以随心所欲地调色了。例如，为了突出暖色，可以增加黄色和红色，再适当增加绿色，让绿更加青翠。

02 将滑块拖向青色方向，就会增加青色，同时减少其补色（另一端的颜色）红色。

🔲 技巧：调整偏色的照片

喜欢摄影的人经常会被一个问题困扰，就是照片颜色与真实的环境颜色不一致，即出现偏色。"色彩平衡"命令非常适合校正偏色。例如，在办公室的日光灯环境下拍摄时，照片颜色会偏蓝，我们将滑块朝远离蓝色的方向——黄色方向拖动，就可以减少蓝色，让色彩恢复为原有的外貌。

03 如果将滑块拖向红色方向，则会增加红色、减少青色。其他滑块也是相同原理。

"色彩平衡"命令基于补色进行调色，它的特点是只要增强一种颜色，整个图像都会偏向这种颜色。下面再来介绍一个更加强大的工具——"色相/饱和度"命令，它能够将色相、饱和度、明度分开处理。例如，调整色相时，不会影响饱和度和明度，而且也可以避免出现整个图像偏向某种颜色的情况。

01 打开荷花照片。这是一张没有处理过的原片，我们可以看到，照片颜色比较暗淡。

02 执行"图像>调整>色相/饱和度"命令，打开"色相/饱和度"对话框。向右侧拖动"饱和度"滑块，提高色彩的饱和度。可以看到，画面中的颜色立刻变得鲜艳起来，而且整个片子也显得通透、有生气。

03 "色相/饱和度"命令还有一绝技，它能调整一种或几种特定的颜色，而不会影响其他颜色。我们来看一下。单击 ▼ 按钮，打开下拉列表选择"黄色"，将"饱和度"滑块拖动到最左侧，黄色会变得越来越暗淡。再打开下拉列表，分别选择"绿色""青色"，将它们的"饱和度"也都降到最低值。这几种颜色最终会成为黑白色，我们就会看到荷花未变，而背景变为黑白的有趣效果。

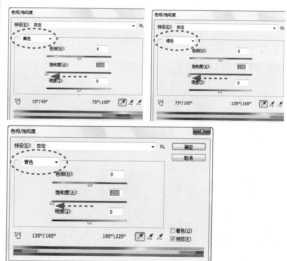

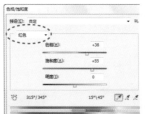 

06 当然，我们也可以只调整特定的颜色。先按住Alt键，单击对话框中的"复位"按钮，撤销调整操作，再单击 ▼ 按钮，打开下拉列表，分别选择"红色""洋红"进行调整，并适当增加饱和度。这两种颜色是构成荷花的颜色，经过我们这一番调整之后，荷花改变了颜色，而荷叶还是保持原有的色彩。

04 按住Alt键，单击对话框右上角的"复位"按钮，撤销所有调整，将照片恢复为原状。我们来看一下色相该怎样调。

05 拖动"色相"滑块，照片中所有颜色的色相就都会发生改变。

　　在"色相/饱和度"对话框底部有两个颜色条，上面的代表了调整前图像原有的颜色，下面的代表了调整后颜色的变化情况。通过上下颜色条的对比，我们可以清楚地知道，哪些颜色正在被修改，以及它被哪些颜色替换了。

当前正在被修改的颜色

调整强度由此开始衰减，三角滑块外侧的颜色不受影响

颜色修改结果

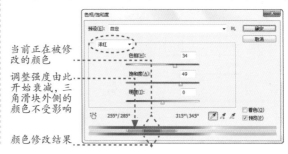

亮度、对比度处理大师

"曲线"是最强大的影调处理工具，它能够将色调分成多个区段来进行调整。不过其工作原理稍微有点复杂。

在"曲线"对话框中，我们可以看到一条45°角的直线。在它上面单击添加控制点，然后拖动控制点让直线弯曲成曲线即可改变色调。

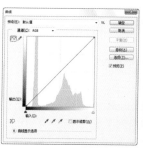

默认的曲线是一条45°角的直线

观察对话框中的两个渐变颜色条，我们就可以准确判断出哪些色调被修改了。其中，水平渐变条代表的是调整前的原始像素，垂直渐变条代表的是调整后的像素。如果我们在控制点上垂直向下拉一条直线，那么它与渐变条交会处就是我们当前正在调整的色调；如果拉一条水平线，它与渐变条交会处，则是像素被映射后所呈现的色调，即像素修改结果。

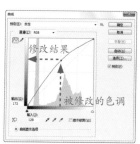

曲线向上扬起，深灰被映射为浅灰，色调因此而变亮

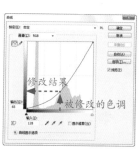

曲线向下弯曲，浅灰被映射为深灰，色调因此而变暗

01 按Ctrl+O快捷键，打开一张樱花照片。

02 按Ctrl+U快捷键，打开"色相/饱和度"对话框，先提高照片整体颜色的饱和度，再单击 ▾ 按钮，分别选择"红色""黄色""青色"单独调整。

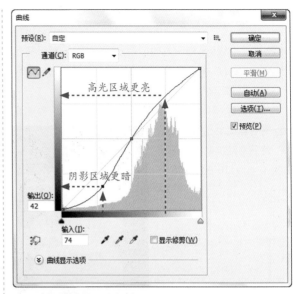

03 现在颜色鲜艳多了，不过色调还不够清晰，色彩稍显浑浊。执行"图像>调整>曲线"命令，打开"曲线"对话框。在曲线的中段单击，添加一个控制点，在下半段单击，再添加一个控制点。

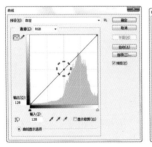 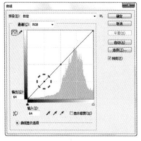

04 向下拖动该点，这时，曲线的上半段向上扬起，下半段向下弯曲，整个曲线变为"S"形。这使得高光区域变得更亮，阴影区域色调变得更暗，从而增强了对比度，使得色调一下子就清晰起来。

💡 提示

曲线中央对应的是图像的中间调，曲线的上半段对应的是图像的高光区域，下半段对应的是图像的阴影区域。我们调整曲线的中段，影响的是图像的中间色调，调整上半段和下半段，则分别影响图像的高光和阴影。

《论语》中有句成语，叫作"过犹不及"，意思是事情做过头，就会适得其反。将这句话用在Photoshop调色上也非常恰当。例如，在调饱和度时，很多人认为颜色越鲜艳越漂亮，岂不知，颜色过艳不仅会失去真实感，还会出现溢色。

溢色是什么意思呀，怎样才能判断照片中是否出现溢色呢？

溢色是指超出CMYK色域的颜色，也就是不能通过冲印或印刷准确还原出来的鲜艳色彩。观察溢色有两种方法。第一种方法是执行"视图>色域警告"命令，画面中被灰色覆盖的区域便是溢色区域。

再次执行该命令可关闭警告。第二种方法是执行"视图>校样设置>工作中的CMYK"命令，再执行"视图>校样颜色"命令，Photoshop就会模拟图像被印刷机输出后效果。影楼工作人员、印刷人员可以在第二种状态下调色，这样，在屏幕上看到的颜色就与输出效果相差无几了。

照片原片　　　恰当的饱和度　　饱和度过高，肤　　开启色域警告
　　　　　　　调整效果　　　色不健康　　　（灰色为溢色）

我们拍摄照片时，总是会出现无法控制的特殊情况。例如，要拍摄一幅美丽的风景，无奈一辆货车停在画面中央。对于传统的摄影，就只能选择调整拍摄角度，或者放弃。而数码摄影就灵活多了，我们可以用Photoshop修改照片中的像素，将汽车从风景中抹除。

下面是两个修图实例，第一个照片中的鱼尾纹和血丝是用修复画笔工具 处理的；第二个照片中的色斑则是用污点修复画笔工具 清除的。

选择污点修复画笔工具后，在工具选项栏中选择一个柔角笔尖，将"类型"设置为"内容识别"，在斑点、皱纹上单击即可清除瑕疵

Photoshop提供了大量专业的照片修复工具，可以快速修复照片中的污点和瑕疵。其中，修复画笔工具和污点修复画笔工具可以利用图像或图案中的样本像素来绘画，即从被修饰区域的周围取样，并将样本的纹理、光照、透明度和阴影等与所修复的像素匹配，从而去除照片中的污点和划痕，修复结果人工痕迹不明显。动手尝试一下吧。如果有不清楚的地方，就看一看本实例的教学视频。

选择修复画笔工具后，在工具选项栏中选择一个柔角笔尖，在"模式"下拉列表中选择"替换"，将"源"设置为"取样"。将光标放在没有皱纹的皮肤上，按住Alt键单击取样；松开Alt键在皱纹处涂抹即可消除皱纹。眼中血丝修复方法相同

12 数码彩妆秀——调整图层

学习要点

学习目标：熟练使用蒙版控制调整图层的有效范围。
难易程度：★ ★ ★ ☆ ☆
技巧：通过创建剪贴蒙版，让调整图层影响多个图层。
实例类别：调色与照片处理类。
素材位置：学习资源/素材/12
效果位置：学习资源/效果/12
视频位置：学习资源/视频/12a、12b

PREVIEW

📋 非破坏性调色

 在使用"图像>调整"菜单中的"曲线""色阶""色相/饱和度"等命令调整图像时，不知你有没有注意到，图像中的像素发生了改变。

 这不正是我们想要的结果吗？

 不错。但我要提醒你的是，将文件关闭以后，它可就无法恢复成原样喽。如果这是一张非常重要的照片，而你又没有留一张原片做备份的话，估计就得捶胸顿足了吧。而且，我们进行调色时，大多时候不能一次性完成调整工作，为了获得满意的效果需要反复编辑，图像也会在修改的过程中受到损害，导致画质不断下降。

 那有什么办法能够解决这些问题吗？

 Photoshop提供了一种非破坏性的调色方法，就是通过调整图层来应用这些常用的调整命令。调整图层可以改变图像的外观，但不会破坏像素，因此，我们可以放心大胆地使用。此外，调整图层还有很多优点，如可以调整局部图像、控制调整强度等。还是让我们通过实践操作来一一领略吧。

照片中的原始像素

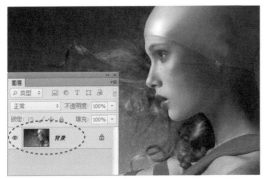

用"图像>调整"菜单中的命令调色以后，像素被修改了

使用调整图层调色，照片中的原始像素没有任何改变

实例动手做

01 按Ctrl+O快捷键，打开一个素材文件。这个文档有3个图层，单击人像层，将它选择。

02 单击"调整"面板中的 按钮，观察"图层"面板，可以看到，人像层上面多了一个图层，它就是调整图层。拖动"属性"面板中的"色相"和"饱和度"滑块，这时整个图像的颜色都发生了改变，这说明，调整图层会影响它下面的所有图层。

03 单击"属性"面板底部的 按钮，创建剪贴蒙版，调整图层就只对它下面的第一个图层（人物层）有效，而不会影响其他图层。

如果图像中有选区,则创建调整图层时,选区会转化到调整图层的蒙版中,使调整图层只对选中的图像有效。如果想要让调整图层对未选中的图像有效,可以按Ctrl+I快捷键,将蒙版反相。

04 如果单击调整图层的眼睛图标 👁 ,将它隐藏,图像就会恢复为原样,由此可见,调整图层没有破坏任何像素。我们还是将它重新显示出来。

05 创建这个调整图层的目的是想通过它来改变头发的颜色,但现在整个人像的颜色都被修改了,我们还得对调整图层的有效范围进行控制。按D键,将前景色恢复为黑色,按Alt+Delete快捷键,在蒙版中填充黑色,通过图层蒙版将调整效果全部隐藏起来。

06 使用快速选择工具 🖌 选中头发(在工具选项栏中勾选"对所有图层取样"选项),按Ctrl+Delete快捷键,在选区中填充白色,恢复调整效果。按Ctrl+D快捷键取消选择。

07 调整图层最大的优势在于它可以对局部图像进行调整,因为它包含了一个蒙版。我们用画笔或其他工具在画面中涂抹黑色,就可以通过蒙版将光标所到之处的调整效果隐藏;涂抹灰色,调整强度会变弱;要恢复调整效果,就涂抹白色。掌握以上要点之后,我们用画笔工具 🖌 对头发边缘进行加工,让改变颜色后的头发与皮肤的衔接处更加自然。

08 将前景色设置为白色,用画笔工具 🖌 在嘴唇和眼睛上涂抹出唇彩和眼影。处理嘴唇时,如果涂抹到

其外侧的皮肤上，可按X键将前景色切换为黑色，用黑色涂抹，不要让颜色调整影响到皮肤。通过X键切换前景和背景颜色，仔细修改嘴唇边界。

09 处理完成以后，单击"调整"面板中的 ▦ 按钮，建立第二个"色相/饱和度"调整图层，继续修改图像颜色。

10 按Alt+Delete快捷键，在蒙版中填充黑色，将调整效果隐藏。选择画笔工具 ，将前景色设置为白色，在头发中间涂抹，让头发呈现多色漂染效果。

11 调整图层是一种非常灵活的功能，不只是蒙版，连调整效果都可以随时修改。我们单击第一个调整图层，将它选择，这时，"属性"面板中就会显示出它的调整参数，我们可以拖动滑块，重新修改参数。

12 如果要减弱调整强度，可以降低调整图层的不透明度值。例如，设置为50%，调整效果会减弱为原先的一半；设置为0%，调整效果就会完全消失，让图像恢复为原样。

💡 提示

如果我们在调整图层前面的眼睛图标 👁 上单击，将调整图层隐藏，也可以达到隐藏调整效果的目的。

要想用好调整图层，一定要弄明白它的原理。调整图层是一个将调色命令、图层和蒙版集于一身的功能。作为一个影调和色彩调整工具，其特点是不会破坏图像；作为一个图层，它的特点是会影响位于其下方的所有图层；因为它有一个图层蒙版（自动添加的），我们还可以通过编辑蒙版来控制调整范围和调整强度。

我知道，单击"属性"面板底部的按钮，可以使它只影响其下方的第一个图层。有没有办法让它再多影响几个图层呢？

你可以同时选择调整图层及想要被它影响的图层，按Ctrl+G快捷键，将它们编入一个图层组中，再将组的混合模式设置为"正常"就行了。

小蜜蜂原图效果，及它的"图层"结构

创建调整图层以后，将它与下面的两个图层编入图层组中，设置组的混合模式为"正常"，位于最底层的文字与"背景"图层就不会受到调整图层的影响了，它们的颜色没有改变

Photoshop的调色命令按照用途可分为几种类型，有的用于调整颜色和色调，如"色相/饱和度""亮度/对比度""曲线"命令；有的用于匹配、替换和混合颜色，如"匹配颜色""替换颜色"命令；有的可生成特殊的色彩效果，如"色调分离""渐变映射""阈值"命令。下面的图章效果便是通过"阈值"命令删除色彩信息并简化图像内容制作出来的。

图章效果

该实例的操作方法是，单击"调整"面板中的按钮，创建"阈值"调整图层，将图像调整为黑白效果，然后按Alt+Ctrl+G快捷键创建剪贴蒙版，使调整图层只影响人像。执行"图层>新建填充图层>纯色"命令，创建一个填

充图层，设置混合模式为"滤色"，此时还会弹出"拾色器"，将填充颜色设置为蓝色，并通过剪贴蒙版，让它也只影响人像即可。如有不清楚的地方，可以看看教学视频。

照片素材

调整"阈值色阶"

得到黑白效果

填充图层（滤色）

设置填充颜色

图像效果

13 最佳拍档——Camera Raw+PS

（提高阶段）

学习要点

学习目标：学习用 Camera Raw 调整照片，进行磨皮和锐化，用 Photoshop 制作特效。
难易程度：★ ★ ★ ★ ☆
技巧：两种不同的磨皮方法，制作漂亮的光斑。
实例类别：照片处理类。
素材位置：学习资源/素材/13
效果位置：学习资源/效果/13
视频位置：学习资源/视频/13a~13c

PREVIEW

📄 数字底片

前段时间出去旅行拍了不少照片，朋友向我推荐用 Camera Raw 做后期。Photoshop 不是很好吗，为什么要用 Camera Raw 呢？

Camera Raw 可是现在很热门的数码照片处理程序。玩儿后期的要是不会用它，你都不好意思和人打招呼。

嗯，现在专业摄影师都爱用 Raw 格式拍摄照片，后期用 Camera Raw 或其他 Raw 处理程序调曝光和白平衡，以及校正影调、调整色彩。

为什么不用 JPEG 格式拍摄呢？

用 JPEG 格式拍摄时，数码相机的图像感应器收集光线信息，这些数据再经相机内部的图像处理器转换，才成为我们看到的图像。如果用 Raw 格式拍摄，相机不转换数据，而是过后由 Camera Raw 这类更加强大的程序完成转换，因此，可以获得更高质量的照片。

另外，JPEG 格式会对照片进行压缩，使画质有所降低。Raw 文件则是直接从相机的图像感应器获取的原始数据，未经任何压缩和处理，因此被摄影人冠以"数字底片"的美名。

看来以后不光要用 Raw 格式拍摄，后期也要用 Camera Raw 处理才好。只是我以前拍的照片都是 JPEG 格式的，有点可惜了。

这个问题倒是不大，因为 Camera Raw 也能够处理 JPEG 照片。

是吗，那么哪里能下载 Camera Raw 呢？

Camera Raw 是作为一个增效模块嵌入 Photoshop 中的，我们安装 Photoshop 时就包含它了。

现在数码相机已经成为主流的摄影器材，Photoshop 也逐渐取代了传统暗房，成为数码摄影时代的标准流程。就像女孩子出门前都要化妆一样，现在我们看到的摄影作品或商业广告上的照片，几乎全都"PS"过。处理照片，Camera Raw+Photoshop 是绝佳组合，从文件的转换、调修到特效操作可以一气呵成。下面我们就通过两个实例来看一下，怎样使用 Camera Raw 处理照片吧。

实例动手做

01 在Photoshop中执行"文件>打开为"命令，弹出"打开为"对话框，选择学习资源中的JPEG照片，并选择用Camera Raw打开文件。

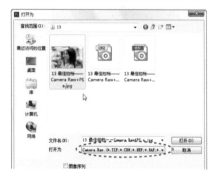

02 按Enter键，即可启动Camera Raw，同时打开照片。

03 这张照片中，人物的脸色有点发黄，我们先来校正色偏。首先调整"色温"，让调子稍微蓝一些；再调整"色调"，在照片中增加洋红色，色偏就校正过来了。

04 拖动"填充亮光"滑块，让阴影区域显示出细节；拖动"黑色"滑块，适当增强对比度，让整张照片的调子变得明快起来。

05 单击 按钮，切换到色调曲线选项卡。调整参数，提亮中间调。

06 下面来磨皮。单击 按钮，切换到细节选项卡。双击缩放工具 ，让照片以100%的比例显示，这样便于观察细节。

07 拖动"减少杂色"选项组中的滑块，减少杂色和噪点，皮肤就会变得光滑、通透。

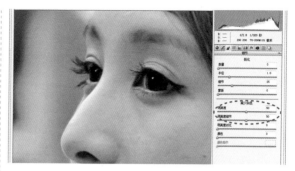

08 现在脸上还有一点色斑需要处理掉。选择污点去除工具 ，在色斑上单击，画面中会出现两个圆圈，绿圈中的图像会复制到红圈中，将斑点遮盖住。我们也可以拖动这两个圆圈，调整它们的位置。采用同样的方法，将其他斑点清除。

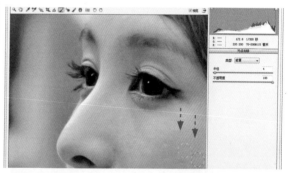

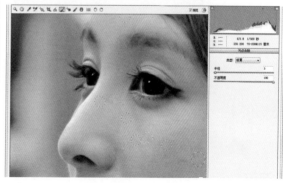

09 选择抓手工具 ，重新显示细节选项卡。拖动"锐化"选项组中的滑块，进行锐化处理，使图像更加清晰。

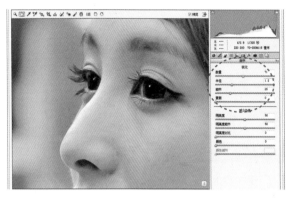

10 双击抓手工具，显示完整的图像。单击裁剪工具，在打开的下拉列表中选择"正常"选项，在画面中单击并拖出一个矩形框，按Enter键将多余的背景裁掉。

11 现在Camera Raw中的工作就全部完成了。单击"打开图像"按钮，返回到Photoshop中，我们来添加漂亮的光斑、镜头光晕和文字。

12 新建一个图层。将前景色设置为白色，选择渐变工具，按径向渐变按钮，选择前景色–透明渐变，在画面的边角填充渐变。

13 将前景色设置为浅粉色，再填充两处渐变。

14 单击"调整"面板中的按钮，创建"曲线"调整图层，将图像调亮。

15 填充黑白渐变，通过蒙版控制调整范围，使调整图层只影响画面中心的图像。

16 新建两个图层，设置它们的不透明度为50%。用画笔工具 🖋 在这两个图层中点几个圆形光斑。

17 按住Alt键单击"图层"面板中的 🔲 按钮，弹出"新建图层"对话框，创建一个"柔光"模式的中性色图层。

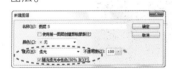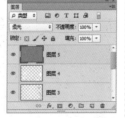

18 执行"滤镜>渲染>镜头光晕"命令，添加镜头光晕效果。按3下Ctrl+J快捷键，复制光晕图层，让效果更加清晰。

19 按住Ctrl键单击这4个光晕图层，将它们同时选择，使用移动工具 ➤➍ 朝右下方拖动，将最灿烂的光晕图形移动到画面中心。

20 最后，可以添加一些文字和图形，丰富版面，具体内容可以自己发挥创意。

人像照片处理过程中，有一个非常重要的环节，就是磨皮。磨皮是指对人物的皮肤进行美化处理，去除色斑、痘痘、皱纹，让皮肤白皙、细腻、光滑，使人物显得更加年轻、漂亮。我们已经介绍了 Camera Raw 的磨皮方法，下面再来说说怎样用 Photoshop 磨皮。

用 Photoshop 磨皮有很多种方法，通道磨皮是比较成熟的一种。这种方法是在通道中对皮肤进行模糊，消除色斑、痘痘等，再用曲线将色调调亮。下面就是一个实例（操作方法参见教学视频）。

照片原片　　　通道磨皮效果　　　用"高反差保留"滤镜和"计算"命令编辑通道　　　通道编辑效果　　　用"曲线"将色调调亮让皮肤变白

还有就是用滤镜＋蒙版磨皮，高级一些的还能够用滤镜重塑皮肤的纹理。此外，有些软件公司开发出专门用于磨皮的插件，如 kodak、NeatImage 等，操作简便，效果也不错哦。

下面是一个用 Camera Raw 调整 Raw 照片的实例。

用 Camera Raw 调整的 Raw 照片

在 Photoshop 中打开 Raw 照片时不必进行特别的设定就可以直接运行 Camera Raw。这张照片处理前色彩较灰暗，色调层次也不丰富。我调整了它的色温、色调曲线，并进行了锐化，提高了色彩的饱和度，还单独对红色、橙色和黄色进行了调整。

在 Camera Raw 中调整完之后，建议将文件保存为数字负片（.dng 格式），这样 Photoshop 会存储所有调整参数，以后任何时候打开，都可以重新修改参数。保存方法是单击"存储图像"按钮，在打开的对话框中进行设定。上述就是操作要点，你也尝试一下吧。如果有不清楚的地方，可以看一看本实例的教学视频。

照片原片

14 梦幻之光——精通图层样式（提高阶段）

学习目标：了解图层样式的编辑方法，通过添加图层样式，让图形呈现梦幻般的光影效果。

难易程度：★ ★ ★ ☆ ☆

技巧：通过变换操作复制出基本的图案样式，单独对图层效果进行缩放。

实例类别：视觉特效类。

效果位置：学习资源/效果/14

视频位置：学习资源/视频/14a~14c

PREVIEW

什么是图层样式

图层样式是一种可以为图层添加特效的神奇功能，它能够让平面的图像和文字呈现立体效果，还可以生成真实的投影、光泽和图案。

平面的图像和文字

添加图层样式后的效果

图层样式好强大呀！我们该怎样使用它呢？

图层样式需要在"图层样式"对话框中设定。我们可以通过两种方法打开该对话框。第一种方法是在"图层"面板中选择一个图层，然后单击面板底部的 fx 按钮，打开一个下拉菜单，选择需要的样式；第二种方法是双击一个图层，直接打开"图层样式"对话框，然后在左侧的列表中选择需要添加的效果。

添加图层样式以后，图层的下面会出现具体的效果名称，如果我们双击一个效果，就可以打开"图层样式"对话框重新修改它的参数。此外，每一个效果前面都有眼睛图标 👁，单击眼睛图标 👁 即可隐藏或显示效果，就像是隐藏或显示图层一样方便。如果要删除一种效果，将它拖动到面板底部的 🗑 按钮上就可以了。

 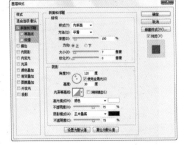

选择"斜面和浮雕"效果后，打开"图层样式"对话框

"图层样式"对话框左侧是效果列表。单击一种效果即可启用它，这时对话框右侧会显示它的参数选项，我们可以一边调整参数，一边观察图像的变化情况。完成调整后，单击"确定"按钮即可。

单击"图案叠加"效果前面的眼睛图标，可以隐藏该效果

如果觉得"图层"面板中一长串的效果名称占用了太多空间，可以单击效果图标 fx 右侧的 ▾ 按钮，将列表关闭。

🖌 实例动手做

01 按 Ctrl+N 快捷键打开"新建"对话框，创建一个 210 毫米×297 毫米，分辨率为 300 像素/英寸的文件。按 D 键，将前景色恢复为黑色，按 Alt+Delete 快捷键为图像填充黑色。

02 选择自定形状工具 ✿。在工具选项栏中选择"形状"选项，并选择低音谱号图形，按住 Shift 键（可确保图形不变形）拖动鼠标，在画面中绘制该图形。

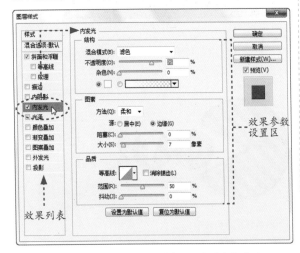

单击一个效果名称，对话框右侧就会显示它的参数选项

03 在"图层"面板中双击"形状1"图层,打开"图层样式"对话框,在左侧列表中分别选择"描边"和"内发光"效果,添加这两种效果,然后按Enter键关闭对话框。

04 在"图层"面板中将"填充"值设置为0%,这样处理以后,可以隐藏图形,只显示添加的效果。执行"图层>图层样式>拷贝图层样式"命令,将效果复制到剪贴板中。

05 单击"图层"面板中的 ![]按钮,新建一个图层。按住Ctrl键单击形状图层,将该图层与新建的图层同时选中,然后按Ctrl+E快捷键合并。

06 按Ctrl+J快捷键复制当前图层。按Ctrl+T快捷键显示定界框,先将中心点移动到图形左上角,然后在工具选项栏中设置旋转角度为60度,按Enter键旋转图形。

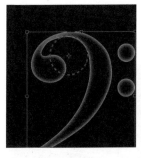 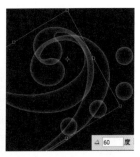

07 先按住Alt+Shift+Ctrl快捷键,再按4下T键,重复变换操作,每按一次,就会复制出一个低音谱号。在"图层"面板中按住Ctrl键单击这几个图层,将它们选择,按Ctrl+E快捷键合并。

08 单击"图层"底部的 ![]按钮,创建蒙版。使用柔角画笔工具 ![]在图形上部涂抹黑色,使顶部的图

形逐渐消失到背景中。

09 选择椭圆工具 ⬭，在工具选项栏中选择"形状"选项，按住Shift键拖动鼠标绘制一个圆形。执行"图层>图层样式>粘贴图层样式"命令，为它粘贴低音符号的样式。

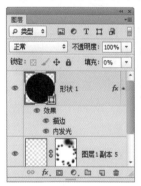
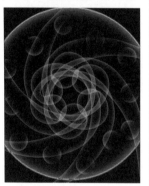

10 按住Ctrl键单击"图层1副本5"，将它与当前图层同时选择，选择移动工具 ▸⊹，在工具选项栏中按垂直居中对齐按钮 ▤ 和水平居中对齐按钮 ▥，使这两个图层的中心点对齐。

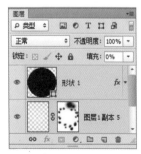

11 选择"形状1"图层，按两下Ctrl+J快捷键，复制出两个图层，提高圆形的亮度。

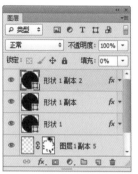
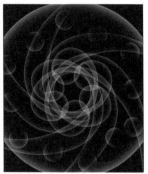

12 按Ctrl+T快捷键显示定界框，按住Shift+Alt快捷键拖动定界框右下角的控制点，将图形等比缩小。图形会基于中心点向内收缩。按Shift键(可锁定垂直方向)向上移动图形，然后按Enter键确认变换。

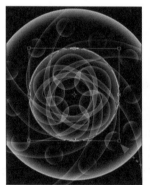

13 单击"图层"面板底部的 ▭ 按钮，新建一个图层，设置它的混合模式为"叠加"。选择渐变工具 ▯，在工具选项栏中按径向渐变按钮 ▮，单击渐变颜色条，打开"渐变编辑器"调整颜色。在画面中心单击，向右下角拖动鼠标填充渐变，通过这种方法为图像着色。

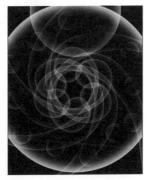

14 选择横排文字工具 **T**，在"字符"面板中选择一种字体（Arial），文字大小设置为14点，颜色设置为白色，在光影中心输入一行文字"CLEANTAPWATER"。

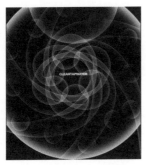

15 双击文字所在的图层，打开"图层样式"对话框，为文字添加外发光效果。

16 单击"图层"面板底部的 按钮，新建一个图层。使用柔角画笔工具 （700px，不透明度80%）在画面中心点一个白点，作为光晕中心。

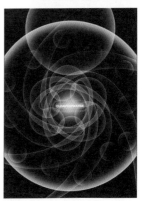

技巧：缩放图层样式

对添加了图层样式的对象进行缩放时一定要注意，效果是不会改变比例的，这就有可能导致出现投影过大、描边过粗等与原有效果不一致的现象。看起来就像小孩子穿着大人的衣服一样，很不协调。遇到这种情况时，可以执行"图层>图层样式>缩放效果"命令，在打开的对话框中对样式进行缩放，使其与图像的缩放比例相一致。

添加了图层样式的文字图层

将文字缩放为50%后，效果比例没有改变

缩放效果以后，它就会与文字的比例相匹配了

将效果缩放比例也设置为50%

我们用图层样式制作出满意的效果后，可单击"样式"面板中的 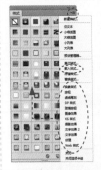 按钮，将效果保存起来。以后要使用时，选择一个图层，然后单击该样式就可以直接应用了，非常方便。

在"样式"面板的菜单中，Photoshop还提供了一些预设的样式库，它们可以加载到"样式"面板中使用。此外，本书的学习资源中也提供了许多样式库，我们可以用"载入样式"命令将它们载入。右图中可爱的特效字就是用学习资源中的样式制作的。你也动手实践一下吧。如果有不清楚的地方，就看一看教学视频吧。

大胆尝试吧：制作玻璃3D字

从 Photoshop CS3 版 开 始，Adobe 公 司 在 Photoshop中加入了 3D功能，使得它一跃成为跨平面和3D两大领域的"多面手"。如今3D经多次改进后，已经具备了建模、贴图、打灯光、渲染等专业3D软件的基本功能，但有些方面还不能尽如人意。其实，使用Photoshop的2D功能也可以制作出媲美3D软件的立体效果，并且在质感方面毫不逊色。

我们来看下面的3D立体字，它不仅立体效果真实可信，玻璃质感也表现得惟妙惟肖。这个立体字便是用Photoshop的复制功能和图层样式制作出来的，没用到3D功能。

用复制功能和图层样式制作的立体字

该实例的操作方法是，选择文字所在的图层，选择移动工具 ，按住Alt键并连续按↓键大概40次，每按一次便会复制出一个文字层，且较前一个向下移动1点，从而生成立体字。保留位于顶部的一个文字，将其他文字图层合并，然后添加图层样式。

文字素材　　　　　　　复制生成3D字

添加"内发光"效果　　　添加"颜色叠加"效果

为最顶部的文字也添加图层样式，参数参见下图。如有不清楚的地方，就看一看教学视频吧。

添加"内发光"效果　　　添加"颜色叠加"效果

15 球面奇观——滤镜的魔法 （提高阶段）

学习要点

学习目标：学习滤镜的使用方法，通过滤镜制作出球面特效，了解怎样使用仿制图章工具修复图像。

难易程度：★★★☆☆

技巧：通过设定首选项，为 Photoshop 分配更多的内存。

实例类别：视觉特效类。

素材位置：学习资源/素材/15

效果位置：学习资源/效果/15

视频位置：学习资源/视频/15a~15c

PREVIEW

神奇的滤镜特效

滤镜是一个能让 Photoshop 爱好者着迷的功能，它就像是一个神奇的魔法师，随手一变，就可以使图像呈现出令人赞叹的视觉效果。Photoshop 的滤镜家族中有 100 多个成员，它们都位于"滤镜"菜单中。其中，"滤镜库""镜头校正""液化"和"消失点"等是大型滤镜，被单独列出，其他的则分属于不同的滤镜组。

除了自身提供的众多滤镜外，Photoshop 还支持其他公司开发的滤镜插件，也就是我们常说的外挂滤镜。外挂滤镜更侧重于直接表现具体效果，如火焰、水滴、闪电、云雾等，因此，很多特效的制作方法要比 Photoshop 简便。

滤镜组

额外安装的外挂滤镜

早就听说外挂滤镜的大名了，能不能再详细介绍一下呢？

 外挂滤镜中人气最高、用户最多的就要数KPT系列滤镜（包含KPT3、KPT5、KPT6、KPT7四个版本），它的闪电、渐变、卷边、贴图等滤镜效果非常出色。某些滤镜，如KPT Fluid（流动）甚至可以输出视频文件，也就是说，我们可以将图像的变化过程制作为动态的小电影。

除KPT外，Alien Skin公司开发的Eye Candy 4000、Xenofex等也是十分经典的外挂滤镜。它们的安装和使用方法，本书学习资源中的《Photoshop外挂滤镜使用手册》给予了详细介绍，有兴趣的话可以看一看。

在这里有一点需要注意，外挂滤镜虽好，但也不宜安装得过多，因为它们会占用很多系统资源。此外，我们编辑高分辨率的大图，或者使用"光照效果""木刻""染色玻璃"等滤镜时，也会占用较多的内存，因此，有可能造成Photoshop的运行速度变慢甚至死机。要提高处理速度，就需要为Photoshop分配足够多的内存。

 看来我又该给电脑升级内存条了。

 这倒不必。Photoshop提供了一个很好的解决办法，当内存不够用时，它可以将电脑中的空闲硬盘作为虚拟内存来使用（也称暂存盘）。具体设定方法是执行"编辑>首选项>性能"命令，打开"首选项"对话框，在"暂存盘"

选项组中显示了电脑的硬盘驱动器盘符，我们只要将空闲空间较多的驱动器设置为暂存盘，然后重新启动Photoshop就可以了。

 这个办法好，既方便又能省下"银子"。

> 单击箭头可以向上或向下移动选定的暂存盘，调整它们的先后顺序

 我用滤镜处理图像时，发现有一些滤镜无法使用，这是怎么回事呀？

 这可能是你的图像模式出了问题。在Photoshop中，RGB模式的图像可以使用所有滤镜，其他模式则会受到限制。在处理非RGB模式的图像时，你不妨先执行"图像>模式>RGB颜色"命令，将图像转换为RGB模式，再应用滤镜就不会有任何问题了。

另外，使用滤镜时还有几点事项需要注意。如果创建了选区，滤镜只处理选中的图像，没有选区时，则处理当前图层中的全部图像；只有"云彩"滤镜可以应用于没有任何像素的空白区域，其他滤镜都不行；滤镜的处理效果是以像素为单位进行计算的，因此，以相同的参数处理不同分辨率的图像，其效果也会有所不同。

◎ 实例动手做

01 打开一个文件。我们来通过滤镜制作极地特效，让风光图像呈现出360°的球形全景效果。

02 按Ctrl+J快捷键复制"背景"图层，得到"图层
1"。选择"背景"图层，按Ctrl+Delete快捷键将
它填充为白色。选择"图层1"。执行"滤镜>扭曲>极
坐标"命令，打开该滤镜的对话框，选择"平面坐标
到极坐标"选项，对图像进行扭曲。

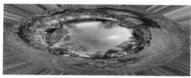

03 按几下Ctrl+-快捷键将窗口的比例调小。按Ctrl+T快
捷键显示定界框，将光标放在右侧的控制点上，按住
Alt键单击并向图像中间拖动，使两侧的图像向中间收缩。

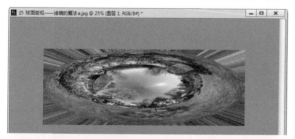

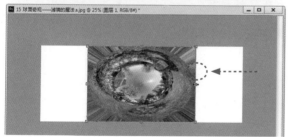

04 将光标放在顶部的控制点上，按住Alt键向上方拖
动，将图像拉高。

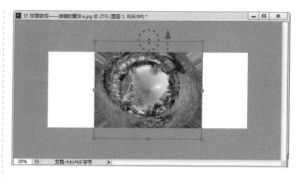

05 按Enter键确认。现在画面中央的图像变为了球
形，但画面边角的草地由于被过度拉伸而看不出
本来面目了，我们需要复制一些完整的草地，将变形
部分遮盖住。单击"图层"面板底部的 按钮新建一
个图层，按Alt+Ctrl+G快捷键，将它与下面的图层创建
为一个剪贴蒙版组。

06 选择仿制图章工具 ，在工具选项栏中选择笔尖
并调整硬度值，勾选"对齐"，并在"样本"下
拉列表中选择"当前和下方图层"选项。

07 按住Alt键，在右下角完整的草地上单击，对图像
进行取样，然后放开Alt键，在变形的草地上涂
抹，用取样的图像修复右下角的草地。

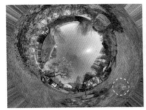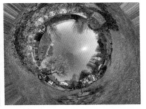

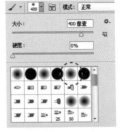

08 再来修复右上角的图像，方法也是先按住Alt键单击一处完整的草地，进行取样，然后放开Alt键在变形的草地上涂抹。由于此处草地较窄，可以按 [键，将画笔调小，再进行修复。

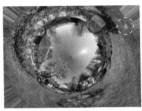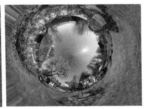

💡 提示

我们新复制出的草地位于"图层2"中，并没有破坏下面的图像，即"图层1"，并且，由于创建了剪贴蒙版，复制出的草地也不会超出"图层1"的范围。

打开一个素材文件，使用移动工具 ▶⊕ 将人物等拖入球形图景文档中。最后，可以使用裁剪工具 🛗 将多余的白边裁掉。

09 用仿制图章工具 🖳 将左上角和左下角的草地图像也修复完整。

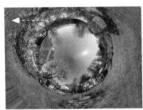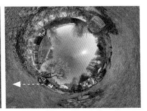

10 单击"图层"面板底部的 🔲 按钮，新建一个图层。将前景色设置为白色，使用柔角画笔工具 🖌 在画面中心，即天空中的蓝色锥形上单击，点出一处高光，将锥形遮盖住。

🖌 技巧：滤镜使用技巧

使用一个滤镜后，"滤镜"菜单第一行会出现该滤镜的名称，单击它或按Ctrl+F快捷键可快速应用这一滤镜。如果想对滤镜的参数做出调整，可按Alt+Ctrl+F快捷键打开滤镜的对话框重新设置参数。此外，在任意滤镜对话框中按住Alt键，"取消"按钮都会变成"复位"按钮，单击它可以将参数恢复到初始状态。如果应用滤镜的过程中想要终止处理，可按Esc键。

下图是另一种球面效果，它也是用"极坐标"滤镜制作的，不过方法略有不同。我们首先需要使用"图像>图像大小"命令将画布改为正方形（不要勾选"约束比例"）。再用"图像>图像旋转>180度"命令将图像翻转过去，然后才能使用"极坐标"滤镜处理。

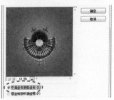

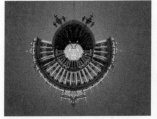

球面效果

实例素材

按照上述方法操作你就可以做出这种效果的。如果有不清楚的地方，可以看一看教学视频。

Photoshop中的滤镜是比图层样式还要强大的特效制作工具，不论是金属质感、浮雕效果、立体效果、特效字，还是各种材质、纹理，都可以用滤镜制作出来。以下便是一个用滤镜制作金属人像的实例（具体操作方法可参见教学视频）。

该实例的操作方法是，用快速选择工具 选中人像，然后拖入背景文档中。按Shift+Ctrl+U快捷键去除颜色，载入人像选区，再从"背景"图层中复制出图像，对其应用"高斯模糊"滤镜。

从背景中复制人像轮廓

应用"高斯模糊"滤镜

复制人像并用"铬黄"滤镜处理，使其产生金属质感，设置图层的混合模式为"叠加"。

选中人像

进行去色处理

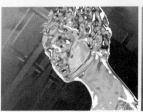

应用"铬黄"滤镜

设置混合模式

16 创意自行车——说文解字 （提高阶段）

学习目标：学习点文字、段落文字、路径文字的创建和编辑方法。
难易程度：★★★☆☆
技巧：字库的安装方法，栅格化文字，为文字添加变形样式。
实例类别：创意特效字类。
素材位置：学习资源/素材/16
效果位置：学习资源/效果/16
视频位置：学习资源/视频/16a、16b

PREVIEW

📖 解读文字

文字不仅能够传递信息，还是重要的设计元素，可以起到美化版面、为作品增色的作用。在 Photoshop 中，我们可以通过 3 种方法来创建文字。

如果要输入的是标题等文字量较少的文本，可通过点文字来完成。方法是使用横排文字工具 **T** 在画面中单击，出现闪烁的"I"形光标时便可以输入文字了。单击工具选项栏中的 ✔ 按钮，或者选择其他工具可结束文字的编辑。

如果要输入一大段文字，可通过段落文本来完成。方法是使用横排文字工具 **T** 在画面中单击并拖出一个矩形定界框，定义文字范围，然后输入文字，当文字到达定界框的边界时会自动换行，而且，我们还可以拖动定界框上的控制点，调整它的大小。

说文解字

在画面中单击，出现"I"形光标　　输入文字，创建点文本

如果要输入一大段文字，可通过段落文本来完成。

单击并拖出文字定界框　　　　在定界框内输入文字

如果觉得文字的排列方式有些单调，我们还可以用钢笔工具 ✐ 或自定形状工具 ✿ 绘制一个矢量图形，然后选择横排文字工具 **T**，将光标放在路径上，当光标变为 ⊥ 状时单击鼠标，出现闪烁的"I"形光标时输入文字，它们就会沿着路径排列。

将光标定位在路径上　　　　　单击鼠标后输入文字

　　这种在路径上排布的文字称为"路径文字"，它是一种非常灵活的文本。我们选择路径选择工具 ▶ 或直接选择工具 ▷，将光标定位在文字上，当光标变为 ▷ 形状时，单击并拖动鼠标，可以沿着路径移动文字；朝路径另一侧拖动，则可将文字翻转过去。

沿路径拖动文字　　　　　将文字翻转到路径另一侧

 输入文字以后，还能修改字体、文字颜色或者文字内容吗？

 没有问题。使用文字工具时，我们可以在工具选项栏中设置文字的部分属性。也可以通过"字符"面板设置文字的字体、大小、间距等属性，或者通过"段落"面板设置段落的对齐、缩进等属性。

设置字体　字体样式　　消除锯齿　创建变形文字

更改文本方向　　　文字大小　对齐文本　文字颜色

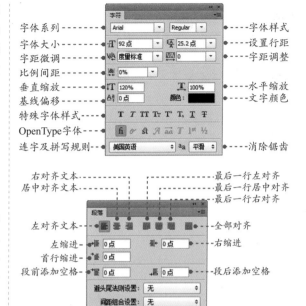

字体系列 —— 字体样式
字体大小 —— 设置行距
字距微调 —— 字距调整
比例间距
垂直缩放 —— 水平缩放
基线偏移 —— 文字颜色
特殊字体样式
OpenType字体
连字及拼写规则 —— 消除锯齿

右对齐文本 —— 最后一行左对齐
居中对齐文本 —— 最后一行居中对齐
—— 最后一行右对齐
左对齐文本 —— 全部对齐
左缩进 —— 右缩进
首行缩进
段前添加空格 —— 段后添加空格

　　我们还可以插入新的文字，操作方法是使用横排文字工具 **T** 在文字上单击，设置插入点，当出现"I"形光标以后就可以输入文字了。

在文字"建"与"文"中间单击　　输入新的文字内容

　　当文字输入有误，想要修改或删除某些文字时，可在文字上单击并拖动鼠标将其选取，然后输入文字将其替换，或者按 Delete 键将其删除。

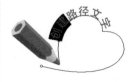

选中文字　　　　　　修改文字内容

"字符"面板中间那一组特殊字体按钮是用来做什么的呢?

"字符"面板下面的一排"T"状按钮用来创建仿粗体、斜体等文字样式,以及为字符添加上下划线或删除线,具体用途可参见下图(括号内的a为各种效果的示意图)。

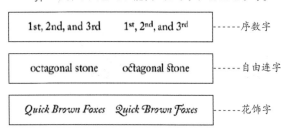

仿斜体(*a*)
仿粗体(**a**)
全部大写字母(A)
小型大写字母(A)
下划线(<u>a</u>)
删除线(~~a~~)
下标(a)
上标(a)

这组按钮下方是OpenType字体按钮。OpenType字体是Windows和Macintosh(苹果机)操作系统都支持的字体文件,因此,使用该字体后,在这两个操作平台间交换文件时,不会出现字体替换或其他导致文本重新排列的问题。OpenType字体还包含当前PostScript和TrueType字体不具备的功能,如花饰字和自由连字等。

1st, 2nd, and 3rd	1st, 2nd, and 3rd	序数字
octagonal stone	octagonal stone	自由连字
Quick Brown Foxes	Quick Brown Foxes	花饰字

左侧为常规字体,右侧为OpenType字体

我听说,用Photoshop制作名片、海报什么的,文字会出现不清晰的情况。

对于从事设计工作的人员,用Photoshop完成海报、平面广告等文字量较少的设计任务是没有任何问题的。但如果是以文字为主的印刷品,如宣传册、商场的宣传单等,或者文字较小,如名片,还是尽量用排版软件(InDesign)或矢量软件(Illustrator、CorelDraw)做比较好,因为Photoshop的文字编排能力还不够强大,而且过于细小的文字,打印时容易出现模糊。

我下载了一些字库,应该怎样安装才能在Photoshop中使用呢?

电脑系统本身自带的字体比较有限,因此,安装一款常用字库(如文鼎、汉仪、方正等)是非常有必要的。下载了字库以后,将其复制到"C>Windows>Fonts"文件夹中便可以了。我们使用Photoshop的文字工具时,可以在工具选项栏或"字符"面板中选择新添加的字体。选择字体时,可以看到各种字体的预览效果。Photoshop允许用户自由调整预览字体大小,方法是打开"文字>字体预览大小"菜单,选择一个选项即可。

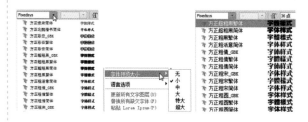

🕊 技巧:文字编辑技巧

● 调整文字大小:选取文字后,按住Shift+Ctrl快捷键并连续按>键,能够以2点为增量将文字调大;按Shift+Ctrl+<快捷键,则以2点为增量将文字调小。

● 调整字间距:选取文字以后,按住Alt键并连续按→键可以增加字间距;按Alt+←键,则减小字间距。

● 调整行间距:选取多行文字以后,按住Alt键并连续按↑键可以增加行间距;按Alt+↓键,则减小行间距。

01 按Ctrl+O快捷键，打开一个自行车素材。下面我们来使用文字替换它的主梁，制作出一个极具创意效果的山地车。

02 选择横排文字工具 T，打开"字符"面板，设置文字的字体、大小和颜色。在画面中单击，输入大写字母"S"。如果你没有这种字体，可以使用类似效果的字体。

03 单击工具选项栏中的 ✔ 按钮结束文字的编辑，"图层"面板中会出现一个文字图层。按住Ctrl键单击该图层的缩览图，载入文字的选区。

04 执行"选择>修改>收缩"命令，将选区向内收缩5像素。

05 单击"图层"面板底部的 按钮添加图层蒙版，将选区外的文字隐藏，让文字的笔画变细。

06 按Ctrl+T快捷键显示定界框，将光标放在定界框外侧，拖动控制点旋转文字（也可以在工具选项栏中输入旋转角度，大概为-34.7度）；再将光标放在定界框内部，单击鼠标拖动文字，将其对齐到自行车梁上。按Enter键确认。

07 在画面中输入小写字母"cud"，然后在"字符"面板中调整文字的大小和间距。

双击一个文字图层，打开"图层样式"对话框，在左侧列表中选择"斜面和浮雕"选项，并设置参数，为图层添加该效果。

08 使用矩形选框工具 □ 选择文字"d"的右半部，按住Alt键单击 □ 按钮，创建一个反相的蒙版，将选中的内容隐藏。

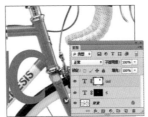

09 按Ctrl+T快捷键显示定界框，拖动控制点旋转并移动文字，将其对齐到自行车的斜梁上。按Enter键确认。

12 按住Alt键，将效果图标 fx. 拖动到另一个文字图层上，为它复制相同的效果。

10 使用多边形套索工具 ♀ 将自行车的主梁选中。在"背景"图层上面新建一个图层，按Ctrl+Delete快捷键在选区内填充背景色（白色），然后按Ctrl+D快捷键取消选择。

分享我的技巧：栅格化文字

我想为文字填充渐变色，可为什么弹出来一条提示，说不能使用渐变工具呢？

在Photoshop中，文字与路径一样，都是矢量对象，因此，不只是渐变工具，其他图像编辑工具，如画笔工具、滤镜以及各种调色命令也不能用来处理文字。如果要使用上述工具，需要先将文字栅格化，即将其转换为图像。具体操作方法是在文字图层上单击鼠标右键，打开菜单，选择"栅格化文字"命令。不过，文字栅格化以后会变为图像，文字

内容就不能再修改了。

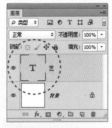
未栅格化的文字（图层上有"T"状图标），文字内容可以随时修改

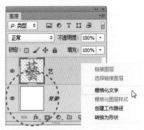
栅格化后的文字（图层的"T"状图标消失），文字变为图像，文字内容不能修改

大胆尝试吧：制作雾状特效字

创建文字以后，我们可以对它进行变形处理。下面有两张图，类似于雾气状的特效字是对素材中的文字进行扭曲，并添加外发光效果制作而成的。

实例效果

实例素材

本实例的操作方法是选择素材中的文字图层，执行"文字>文字变形"命令，打开"变形文字"对话框进行参数的设定。"样式"下拉列表中有15种变形样式，选择一种之后，还可以调整弯曲程度，以及应用透视扭曲效果。

文字扭曲效果

扭曲文字以后，为它添加"外发光"效果，发光颜色设置为黄色，再将"图层"面板中的"填充"参数设置为0%就可以了。按照上述方法试一下吧。如果有不清楚的地方，可以看一下本实例的教学视频。

选择文字图层

打开"变形文字"对话框设置参数

17 甜蜜蜜——与众不同的路径（提高阶段）

学习要点

学习目标：学习 Photoshop 中矢量工具的使用方法，用钢笔工具灵活绘图。

难易程度：★★★★☆

技巧：通过快捷键配合钢笔工具，在绘图的同时编辑路径，做到绘图、调整形状一气呵成。

实例类别：创意设计类。

素材位置：学习资源/素材/17

效果位置：学习资源/效果/17

视频位置：学习资源/视频/17a~17c

PREVIEW

路径与钢笔工具

我发现画笔工具没法绘制出匀称的圆形、椭圆和光滑流畅的曲线。

画笔工具确实不适合表现此类图形化的对象，它们得用矢量工具绘制。像矩形、圆角矩形、圆形、直线等都有专门的绘图工具，再复杂一点可以用钢笔工具来完成。

▪ ▢ 矩形工具	U	
▢ 圆角矩形工具	U	
⬭ 椭圆工具	U	
⬡ 多边形工具	U	
╱ 直线工具	U	
✿ 自定形状工具	U	

▪ ⌀ 钢笔工具	P	
⌀ 自由钢笔工具	P	
⌀ 添加锚点工具		
⌀ 删除锚点工具		
⌀ 转换点工具		

▪ ▸ 路径选择工具	A
▸ 直接选择工具	A

● 绘制矢量图形的工具　　● 编辑矢量图形的工具

矢量工具绘制的图形与画笔工具绘制的像素对象相比有什么特别之处吗？

Photoshop 中的矢量工具组

在Photoshop中，用矢量工具绘制出来的图形称为"路径"。路径与分辨率无关，可以任意缩放而始终保持边缘清晰和光滑；其次，选择、移动和修改路径的形状要比编辑像素对象方便；再有就是，路径只是一种用于表现对象轮廓的线条，但它可以转换为选区、进行描边以及填充颜色。

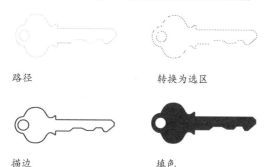

路径　　　　　　　转换为选区

描边　　　　　　　填色

路径可以是一段直线、一段曲线或多段直线和曲线的组合。路径段之间通过锚点连接，并且，锚点决定了路径的形状。例如，曲线是由平滑点连接而成的；转角曲线和直线则通过角点连接。

曲线　　　　转角曲线　　　　直线

曲线和转角曲线的锚点上有方向线和方向点，拖动方向点可以改变路径的形状（方向线指明了路径的走向）。

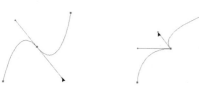

改变曲线的形状　　　改变转角曲线的形状

下面我们来做一个小练习，通过绘制一个心形图形来学习钢笔工具的使用方法。只要掌握了这个工具，我们就可以在 Photoshop 中绘制出自己想要的任何图形。

01 按Ctrl+N快捷键，创建一个大小为788像素×788像素，分辨率为100像素每英寸的文件。

02 执行"视图>显示>网格"命令，在画面中显示网格，通过网格辅助绘图很容易创建对称图形。当前的网格颜色为黑色，不利于观察路径，执行"编辑>首选项>参考线、网格和切片"命令，将网格颜色改为灰色。

03 选择钢笔工具 ，在工具选项栏中选择"路径"选项。在画面的网格点上单击并向右上方拖动鼠标，创建一个平滑点；在下面的网格点上单击并向下拖动鼠标，再创建一个锚点即可生成曲线；将光标移至下一个锚点处，单击但不要拖动鼠标，创建一个角点，这样就完成了右半边心形的绘制。

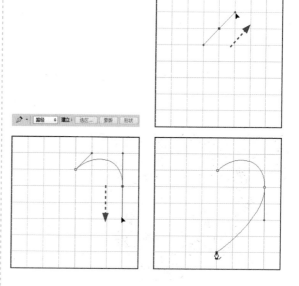

04 在画面左侧对称的网格点上单击并向上拖动鼠标，创建曲线；将光标移至路径的起点上，单击鼠标闭合路径。

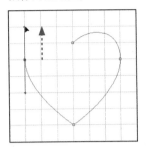 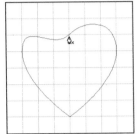

05 选择直接选择工具 ▶，在路径的起始处单击，让锚点显示出来。选择转换点工具 ▶，将光标放在左下角的方向线上。

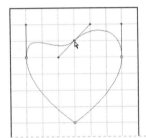 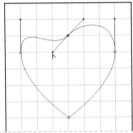

06 单击并向上拖动它，使之与右侧的方向线对称。在路径以外的区域单击，结束编辑，按Ctrl+'快捷键隐藏网格。

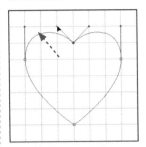 

🐦 技巧：设置绘图模式

Photoshop中的钢笔和形状等矢量工具可以创建不同类型的对象，包括形状图层、工作路径和像素图形。选择一个矢量工具后，需要先在工具选项栏中选择相应的绘制模式，然后再进行绘图操作。选择"形状"选项后，可在单独的形状图层中创建形状；选择"路径"选项后，可创建工作路径，它出现在"路径"面板中；选择"像素"选项后，可以在当前图层上绘制栅格化的图形（图形的填充颜色为前景色）。

🎨 实例动手做

01 按Ctrl+O快捷键，打开一个素材文件。这是两个橘子，下面我们来对它们进行拟人化处理，通过绘制路径表现眼睛、嘴巴和眉毛。

02 选择钢笔工具 ✐，在工具选项栏中选择"路径"选项。

03 我们先来绘制眼眉。将光标放在橘子上，单击并向右上方拖动鼠标，创建一个平滑点；然后在斜上方单击并拖动鼠标，生成一段曲线，让它成为眼眉。

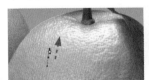 

04 按住Ctrl键（切换为直接选择工具 ▷）在其他位置单击，结束路径的编辑。放开Ctrl键恢复为钢笔工具 ◿，在右侧也绘制一条眼眉。

05 再来绘制嘴巴。嘴巴稍微复杂一点，因为转折比较多，但这也更利于提高我们的技术。在橘子下半部单击并拖动鼠标创建平滑点，生成第一段曲线。

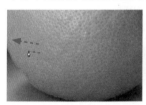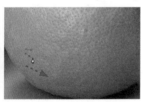

06 将光标放在最后一个锚点上，按住Alt键（切换为转换点工具 ▷）拖动方向点，以便让下一段曲线改变走向；放开Alt键，单击并拖动鼠标，生成第二段曲线。

07 采用同样的方法先按住Alt键拖动最后一个锚点的方向点，改变曲线走向，再创建第三段曲线。

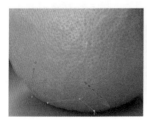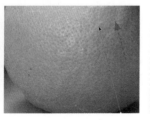

08 按住Alt键，拖动最后一个锚点的方向点，将它的方向线调短（降低下一段曲线的弧度，但不改变走向），创建最后一段曲线。绘制完以后，按Ctrl键在其他位置单击，结束路径的编辑。

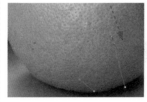

09 在比较路径与画笔绘制的像素时已介绍过，路径的一个优点是选择和修改时都非常方便。如果你绘制的图形与上面的图示不太一样的话，可以对路径进行修改，而不必重新绘制。例如，如果锚点的位置不对，可以使用直接选择工具 ▷ 单击并拖动锚点，即可将其移动；如果要修改曲线形状，可以用直接选择工具 ▷ 和转换点工具 ▷ 来操作。这两个工具的区别在于，使用直接选择工具拖动平滑点上的方向点时，方向线始终保持为直线状，因此，锚点两侧的路径段都会发生改变；使用转换点工具拖动一侧的方向点时，则不会影响另外一侧的方向线。为了便于观察效果，我们还是以前面绘制的心形图形来做演示吧。

用直接选择工具 ▷ 选中锚点　　用直接选择工具 ▷ 拖动方向点，该点两侧的曲线的形状都会发生改变　　用转换点工具 ▷ 拖动方向点，只改变一侧曲线的形状

⬛ 技巧：选择、移动锚点和路径

使用直接选择工具 ▷ 单击一个锚点即可选择该锚点（如果要选择多个锚点，可按住Shift键逐一单击它们），选中的锚点是实心的；在一个路径上单击，可以选择该段路径；使用路径选择工具 ▷ 单击路径，可以选择整条路径。选择锚点、路径段和路径后按住鼠标按键不放并拖动，可以将其移动。

10 下面我们来对路径进行描边，制作出嘴巴和眼眉的轮廓线。单击"图层"面板底部的 按钮，新建一个图层。将前景色设置为黑色。

11 选择一个尖角画笔工具 ，单击"路径"面板底部的 按钮，对路径进行描边。

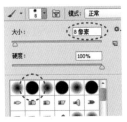

12 下面我们来制作眼睛。单击"图层"面板底部的 按钮，新建一个图层。按X键，将前景色切换为白色。

13 选择椭圆工具 ，在工具选项栏中选择"像素"选项，在画面中拖动鼠标，绘制两个白色的椭圆图像，作为橘子的眼睛。

提示

单击工具选项栏中的 按钮，可以在打开的下拉菜单中选择路径的运算方式。按 按钮，可以创建新的路径层。按 按钮，新绘制的图形会与现有的图形合并。按 按钮，可从现有的图形中减去新绘制的图形。按 按钮，得到的图形为新图形与现有图形相交的区域。

14 选择画笔工具 ，将前景色设置为黑色，在两个眼睛上各单击一下，添加眼珠。

15 双击"图层2"，打开"图层样式"对话框，在左侧列表中选择"描边"选项，为眼睛图像添加描边效果。

16 下面我们来处理左侧的橘子，先来绘制嘴巴和眉毛。现在"路径"面板中有一个路径层，它的名称是"工作路径"，这表示它是一个临时的路径，如果处理不当，路径会丢失。双击路径层，弹出"存储路径"对话框，单击"确定"按钮，将路径保存起来。它的名称会变为"路径1"。

17 单击"路径"面板底部的 ⬛ 按钮，新建一个路径层。选择钢笔工具 🖋（工具选项栏中选择的是"路径"选项），绘制眼眉、嘴巴和眯起的眼睛。

18 单击"图层"面板底部的 ⬛ 按钮，新建一个图层。选择画笔工具 🖌（尖角，8px），将前景色设置为黑色，单击"路径"面板底部的 ○ 按钮，对路径进行描边。

19 选择椭圆选框工具 ⬭，选中另一个橘子的一只眼睛。

20 选择"图层2"（即橘子眼睛所在的图层），按Ctrl+J快捷键，将选中的眼睛复制到一个新的图层中。使用移动工具 ⛝ 将眼睛移动到左侧的橘子上。

21 选择自定形状工具 🌟，在工具选项栏中选择"像素"选项，单击"形状"选项右侧的三角按钮，打开形状下拉面板，单击面板右上角的按钮，打开面板菜单，选择"全部"命令，载入所有的形状，再选择一个树叶状图形。

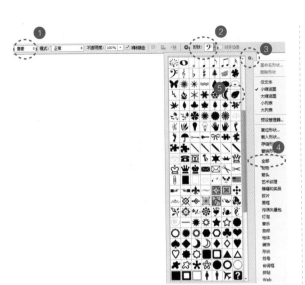

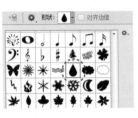

24 将前景色设置为红色。在形状下拉面板菜单中选择"载入形状"命令，弹出"载入"对话框，选择学习资源中的形状库，单击"载入"按钮，将它加载到Photoshop中。选择心形图形，在橘子的脑门上绘制两颗心。

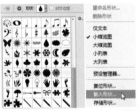

22 在"图层"面板顶部新建一个图层。将前景色设置为绿色，在左侧的橘子嘴巴上拖动鼠标绘制图形。按Ctrl+T快捷键显示定界框，单击鼠标右键，打开快捷菜单，选择"水平翻转"命令，将图像翻转，然后再拖动控制点将图形旋转。按Enter键确认。

25 选择柔角画笔工具 ，在橘子的面颊上单击，点出红脸蛋。

💡 **提示**

在自定形状工具的下拉面板中，Photoshop为用户提供了大量现成的图形。使用自定形状工具绘制图形时，按住Shift键操作，可以锁定长宽比，确保图形不出现变形。

23 将前景色设置为白色。在形状下拉面板中选择水滴图形，绘制出两滴汗珠。

分享我的技巧：钢笔工具使用妙招

钢笔工具绘制的曲线有一个专业的名称，叫作"贝塞尔曲线"。如果你接触过CorelDRAW、Flash、3ds max等软件就会发现，它们都有与Photoshop钢笔类似的贝塞尔曲线工具，操作方法也大同小异。由此可见，钢笔工具的应用是非常广泛的。

既然钢笔工具这样重要，我就介绍它的一些使用技巧，以便提高我们的绘图效率。

选择钢笔工具以后，光标在画面中会显示为🖊状，此时单击可以创建一个角点；如果单击并拖动鼠标，则可以创建一个平滑点。

在工具选项栏中勾选"自动添加/删除"选项后，将钢笔工具放在路径上，当光标变为🖊状时单击，可在路径上添加锚点；将工具放在锚点上，当光标变为🖊状时单击，可删除锚点。

在绘制路径的过程中，按住Alt键单击一个平滑点，可将其转换为角点；按住Alt键单击并拖动角点，则可将其转换为平滑点；将光标移至路径起始处的锚点上，光标会变为🖊状，单击可闭合路径。

选择一个开放式路径，将光标移至该路径的一个端点上，光标变为🖊状时单击，然后便可继续绘制该路径；如果在绘制路径的过程中在其他路径的端点上单击（光标变为🖊状），则可以将它们连接成为一条路径。

大胆尝试吧：爱心小天使

下面是一个在图形中显示人像的特效，该效果是通过矢量蒙版创建的。这种蒙版可以通过矢量图形来控制图像的显示范围。

该实例的制作方法是，打开素材文件，选择自定形状工具，在工具选项栏中选择"路径"选项，在形状下拉面板中找到需要的图形。

在画面中按住Shift键绘制图形，然后执行"图层 > 矢量蒙版 > 当前路径"命令，即可从路径中生成蒙版，将图形以外的图像隐藏，让背景图像显示出来。

按照上述方法操作你就可以做出这种效果，尝试一下吧。如果有不清楚的地方，可以看一看本实例的教学视频。

素材　　　　　　　　选择心形

18 现在流行牛奶装——抠图大法

（提高阶段）

PREVIEW

漫话抠图

 我浏览摄影类网站时，发现很多人探讨"抠图"问题。"抠图"到底是怎么一回事呀？

 看来抠图是平面设计师需要掌握的一项基本技能啊。

 所谓"抠图"，是指将图像的一部分内容选中并分离出来，以便与其他背景进行合成。抠图是图像处理过程中一项重要的基础工作。例如，我们看到的广告、杂志封面等，就需要设计人员将照片中的模特抠出，然后合成到新的背景中去，再通过深入加工，让合成效果真实、自然。

 不只是设计师关注抠图。近年来，随着数码相机的日益普及，越来越多的数码摄影爱好者开始热衷于对照片进行二次创作，譬如，将自己的形象抠出，合成到各种城市和自然风光中，让自己足不出户也能遨游世界。这就离不开抠图了。如果没有掌握相关技术，抠出的图像不准确，合成效果的真实感就要大打折扣了。

原片中背景有些单调,可通过抠图来进行更换

抠图不彻底,人像中残留多余的背景,合成效果不真实

抠图准确到位,合成效果看不出人工处理的痕迹

在 Photoshop 的各种技术中,抠图算是比较难

的一个,因此,也令许多初学者望而却步,进而转向了使用其他软件公司开发的抠图滤镜,如 Mask Pro、Knockout 等。这类插件针对性强,操作也很简便,可以使用户从繁杂的抠图技术中解放出来。

不过 Adobe 也在不断尝试着降低抠图的难度。像经过改进的"调整边缘"命令就很好用,它取代了以前版本的"抽出"滤镜,成了新的抠图利器。

下面我们就来学习怎样使用快速选择工具和"调整边缘"命令抠图,并使用抠出的人像进行创意合成。

实例动手做

01 打开一个素材文件,我们先来抠图,再用牛奶装饰裙边,制作出一个独特的牛奶装。使用快速选择工具 在模特身上单击并拖动鼠标创建选区。如果有漏选的地方,可以按住 Shift 键在其上涂抹,将其添加到选区中;多选的地方,则按住 Alt 键涂抹,将其排除到选区之外。

按住 Shift 键在漏选的图像上涂抹,可将其添加到选区中

按住 Alt 键在多选的图像上涂抹,可从选区中将其排除出去

02 现在看起来似乎模特被轻而易举地选中了,不过,目前的选区还不精确。不信的话,可以按 Ctrl+J 快捷键将选中的图像复制到一个图层中,在它下面创建图层并填充黑色,在黑色背景上观察就可以看到,人物轮廓并不光滑,而且还有残缺。

03 下面我们来对选区进行深入加工。单击工具选项栏中的"调整边缘"按钮，打开"调整边缘"对话框。先在"视图"下拉列表中选择一种视图模式，以便更好地观察选区的调整结果。

04 勾选"智能半径"选项，并调整"半径"参数；将"平滑"值设置为5，让选区变得光滑；将"对比度"设置为20，选区边界的黑线、模糊不清的地方就会得到修正；勾选"净化颜色"选项，将"数量"设置为100%。

05 "调整边缘"对话框中有两个工具，它们可以对选区进行细化。其中，调整半径工具 可以扩展检测的区域；抹除调整工具 可以恢复原始的选区边缘。工具选项栏中也有这两个工具，而且还可以调整它们的画笔大小。我们先来将残缺的图像补全。

选择抹除调整工具 ，在人物头部轮廓边缘单击，并沿边界涂抹（鼠标要压到边界上），放开鼠标以后，Photoshop就会对轮廓进行修正。

06 我们再来处理头纱，将多余的背景删除掉。使用调整半径工具 在头纱上涂抹，放开鼠标以后，头纱就会呈现出透明效果。

07 其他区域也使用这两个工具处理，操作要点是，有多余的背景，就用调整半径工具 将其涂抹掉；有缺失的图像，就用抹除调整工具 将其恢复过来。

用抹除调整工具 涂抹手臂

用抹除调整工具 涂抹裙子边缘

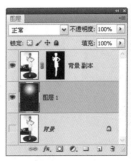

提示

在处理细节时，可以按Ctrl++和Ctrl+-快捷键放大或缩小窗口中的图像，按住空格键拖动鼠标可以移动画面。

08 选区修改完成以后，在"输出到"下拉列表中选择"新建带有图层蒙版的图层"选项，单击"确定"按钮，将选中的图像复制到一个带有蒙版的图层中，完成抠图操作。

09 按住Ctrl键单击"图层"面板底部的 按钮，在当前图层下方创建图层。选择渐变工具 并在工具选项栏中按径向渐变按钮 ，勾选"反向"选项，调整渐变颜色，然后填充渐变。

10 新建一个图层，设置混合模式为"柔光"，不透明度为80%。按D键，将前景色设置为黑色。在渐变下拉面板中选择前景-透明渐变，在画面底部填充线性渐变，让这里的色调变暗。

11 单击"图层"面板底部的 按钮，新建一个图层，设置混合模式为"正片叠底"，不透明度为65%。选择画笔工具 ，打开"画笔"面板，将笔尖调整为椭圆形，绘制出人物的投影。

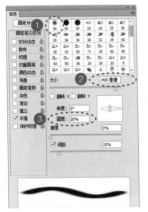

14 打开一个牛奶素材文件。使用移动工具 ▶✛ 将"牛奶"图层组拖入人像文档中，并将素材镶嵌在裙边，人物手臂外侧也放一些，整体形态突出动态感。

12 在"图层"面板顶部创建"曲线"调整图层，将图像调亮。

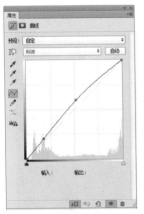

15 牛奶与裙边的衔接处还得处理一下，可以选中相应的牛奶图层，为其添加蒙版，再用柔角画笔工具 ✎ 将衔接处涂黑就行了。

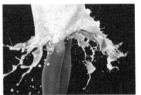

13 单击"属性"面板底部的 按钮，创建剪贴蒙版，使调整只对人像有效。用画笔工具 ✎ 在人物的裙子上涂抹黑色，让裙子色调暗一些。

人和动物的毛发是比较难抠的图像，原因是细节太过复杂。例如，在抠下图中的狗狗时，为了确保毛发没有损失，我就用到了"通道混合器"、画笔工具和混合模式等多种功能。

时，既要体现出对象的透明度，还要保留必要的细节，在方法的选择上也是颇费脑筋的。

素材（复杂的毛发）

在通道中使用"通道混合器"、画笔工具等制作出的选区

素材（透明的冰雕）

抠出的图像（先制作出大概的选区，再让它与通道进行计算，从而得到精确的选区。）

抠出的图像

加入新背景中的效果

此外，抠玻璃杯、烟雾等呈现一定透明效果的对象

从上面的介绍中不难看出，抠图有很多种方法，也会用到许多工具。我写过一本专门讲解抠图技术的书，叫作《Photoshop专业抠图技法（第2版）》，想要在抠图方面有所突破的读者，可以看看此书，相信会有收获的。

在Photoshop的所有抠图工具中，钢笔工具的精确度最高，它具有良好的可控性，能够按照我们描绘的范围创建平滑的路径，边界清楚、明确，非常适合选择边缘光滑的对象。

该实例的制作方法是，选择钢笔工具 ，在工具选项栏中选择"路径"选项，然后沿小瓷人的轮廓绘制路径。处理两个胳膊的空隙处时，需要在工具选项栏中按从路径区域减去按钮 ，然后再将空隙描绘出来，通过路径运算，将其排除到轮廓之外。按Ctrl+Enter快捷

键，将路径转换为选区，按Ctrl+J快捷键将选中的图像复制到一个新的图层中，即可将其抠出。

素材

用钢笔描绘轮廓

将图像抠出

按照上述方法尝试一下吧。如有不清楚的地方，可以看一看本实例的教学视频。

19 能飞起来的云朵沙发——
通道密码

（提高阶段）

学习目标：了解通道的主要用途，用通道抠云彩，合成一幅充满童趣的场景。

难易程度：★★★☆☆

技巧：用仿制图章工具修复云彩，制作出心形沙发，Lab模式调色。

实例类别：创意合成类。

素材位置：学习资源/素材/19

效果位置：学习资源/效果/19

视频位置：学习资源/视频/19a~19c

PREVIEW

📝 通道并不难懂

 我听人说，通道是Photoshop中最难的功能。是这样吗？

 差不多吧。通道确实有一定的难度，它是Photoshop的核心功能之一，因此非常重要。

打个比方，就像是武侠小说中，一个人要想成为绝世高手就得打通任督二脉一样，我们想成为PS高手，也必须得闯过通道这一关。

 有这么神秘呀，那我得用多少时间才能学会通道呢？

 初学者很少用到通道，对它的原理和工作方式也缺乏理解，就会觉得它很神秘。其实只要记住通道的三大用途：保存选区、保存色彩信息、保存图像信息，理解通道就会变得很轻松啦！

 我们学过用通道保存选区，可它与色彩和图像信息又有什么关系呢？

我们还是通过实际操作来看一下吧。打开学习
资源中的练习文件，再打开"通道"面板。面
板中包含红、绿、蓝3个颜色通道，每个通道
都保存着一种与它名称相同的颜色，这3个通道组合之
后构成了面板顶部的RGB复合通道，也就是我们看到
的彩色图像。

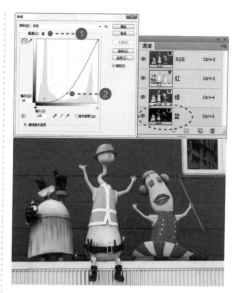

按Ctrl+M快捷键，打开"曲线"对话框。选择"蓝"
通道，向上拖动曲线，将该通道调亮，可以看到，画面中
的蓝色得到了增强，而蓝色的补色——黄色则变少了。

将"蓝"通道调暗以后，画面中的蓝色减少了，黄色增加了

原来将一个通道调亮就可以增强该通道中包
含的颜色，同时减少其补色；将通道调暗，
可以减少相应的颜色，同时增加其补色，是这
样吧？

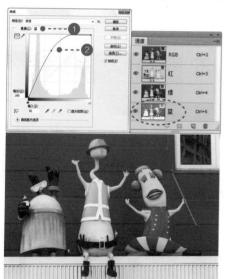

完全正确，通道与色彩的关系就这么简单。
我们再来看一下，通道与图像信息是怎样的
关系。按"取消"按钮，将"曲线"对话框关闭。
使用矩形选框工具创建一个选区。

将"蓝"通道调亮以后，画面中的蓝色增加了，黄色减少了

如果我们向下拖动曲线，将"蓝"通道调暗，则会减
少蓝色，增加其补色——黄色。

执行"滤镜 > 素描 > 便条纸"命令，对选中的图像应用滤镜。观察通道可以看到，现在所有通道都出现了与画面中相同的效果。这说明图像信息被修改之后，通道信息也发生了相应的变化。反之，如果我们修改一个通道中的灰度图像，也会影响彩色图像的。

最后我们再介绍一下 Alpha 通道。Alpha 与色彩和图像信息没有任何关系，它只负责保存选区，可以将选区存储为灰度图像，这样我们就能使用画笔、滤镜等修改 Alpha 通道，从而达到编辑选区的目的。用通道制作选区，属于抠图技术中比较高的一个层次了。

🚀 实例动手做

01 按 Ctrl+O 快捷键，打开一个云彩素材。下面我们来使用通道选取画面中的白云，制作出一个外观接近心形的云朵。

02 观察通道可以看到，红通道中的云彩与天空的明暗对比最强烈，适合我们做选区使用。将红通道拖动到面板底部的 按钮进行复制，现在窗口中显示的是红通道副本中的灰度图像。

03 按 Ctrl+L 快捷键打开"色阶"对话框，选择黑场吸管 ，在图像的灰色区域上单击，将比该点深的色调调为黑色。

04 选择白场吸管 ，在云彩的深色区域上单击，将比该点亮的色调调为白色。

 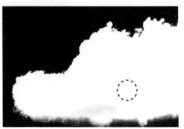

05 仔细查看图像，我们要选取的白云区域已经变为白色，而背景中靠近白云的底边还有些深灰色，再使用黑场吸管 ✐ 在该处单击，使其变为黑色。

06 单击面板底部的 按钮，从通道中载入选区。按Ctrl+2快捷键，返回到彩色图像编辑状态。

07 打开一个素材，使用移动工具 ▸+ 将选中的云彩拖入该文档。

08 选择套索工具 ◯，在工具选项栏中设置羽化参数为5px，将云彩右侧选取，按Delete键删除，按

Ctrl+D快捷键取消选择。

09 按Ctrl+T快捷键显示定界框，先将云彩向右旋转，再按住Ctrl键拖动定界框的一角，调整心形的形状。将光标放在定界框内，移动心形的位置。

10 单击"图层"面板顶部的 按钮，锁定图层的透明区域。选择画笔工具 ✎，将模式设置为"柔光"，将前景色设置为白色，在心形的蓝色边缘涂抹，使边缘变白。

11 按 Ctrl+U 快捷键打开 "色相/饱和度" 对话框,勾选 "着色" 选项,拖动滑块为云彩着色,使它与室内的暖色调相协调。

12 按 Ctrl+L 快捷键打开 "色阶" 对话框,调整黑色的阴影滑块,增强云彩的暗部色调,再微调中间调滑块,适当扩展中间调的层次。

13 选择仿制图章工具 ,设置大小为 130px,不透明度为 80%,在 "样本" 下拉列表中选择 "当前图层"。单击 "图层" 面板中的 按钮,解除 "图层 1" 的锁定。按住 Alt 键在云彩暗部单击进行取样,放开 Alt 键在云彩底部涂抹,使云彩变厚。

14 再细致地处理一下云彩的底部和边缘,使其呈现出美丽的心形外观,同时更具体积感。

15 选择套索工具 ,设置羽化参数为 20px,在云彩边缘创建选区。

16 按 Ctrl+L 快捷键打开 "色阶" 对话框,将选区中的图像调暗。再仔细刻画心形的轮廓与明暗,使效果更加生动。

17 将前景色设置为棕色(R:119, G:77, B:14)。在云彩图层下方新建一个图层,设置混合模式为"正片叠底",不透明度为65%,使用画笔工具 ✐ 绘制云彩的投影。

20 按Ctrl+J快捷键将选中的图像复制到新的图层中,按Ctrl+]快捷键将其上移一层。再使用移动工具 ✛ 将小片云彩拖放到娃娃脚边,通过自由变换适当改变形状。

18 打开一个素材,使用移动工具 ✛ 将娃娃拖入室内图像文档中。

21 为娃娃绘制浅浅的投影。将小猪、猫咪和飞机等素材也拖入文档中,在心形云彩上复制一部分,缩小到与卡通玩偶比例相当,作为玩偶的载体。

19 选择"图层1",使用套索工具 ♀ 在云彩的左上方绘制一个选区。

分享我的技巧：调出阿宝色

现在网络上有一种叫作"阿宝色"的摄影作品非常流行，其影像的纯度和鲜活的色彩令人惊艳！

"阿宝色"是一种后期调色技术，它利用 Lab 模式的通道对色彩进行提纯。在我们生活的城市里，空气中的悬浮颗粒比较多，拍出来的照片都会有点灰蒙蒙的感觉。用这种方法调色，可以使照片的色彩超越现实，达到近乎理想化的状态，让人倍感清新、亮丽。下面的照片就是通过"阿宝色"技术调出来的。

照片原片

Lab 模式调色效果

　　该实例的制作方法是，打开照片（RGB模式），执行"图像>模式>Lab颜色"命令，将它转换为Lab模式。创建一个"曲线"调整图层，分别选择"明度""a""b"通道单独进行调整；再创建一个"色相/饱和度"调整图层，提高一下饱和度就行啦。

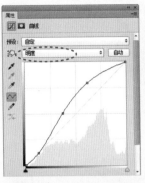

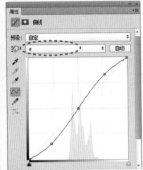

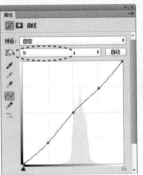

　　Lab模式非常适合调整人像照片，可以使女孩的皮肤嫩白、通透，如同糖水一般甜美，因此，这类照片被人们称为"糖水片"。按照上面的方法试一下吧。如有不清楚的地方，就看一看教学视频。

在 Lab 模式中，"a" 通道代表的是绿色~洋红色的光谱变化；"b" 通道代表的是蓝色~黄色光谱变化，这两个通道用于调整色彩；"明度"通道中保存的是照片的明暗信息，用于调整影调。如果我们复制"a"通道中的图像并粘贴到"b"通道中，或者进行相反的操作，就会得到非常漂亮的超现实色彩效果。

该实例的操作方法是，执行"图像>模式>Lab 颜色"命令，转换为 Lab 模式。选择 "a" 通道，按 Ctrl+A 快捷键全选，按 Ctrl+C 快捷键复制；选择 "b" 通道，按 Ctrl+V 快捷键粘贴；最后按 Ctrl+2 快捷键显示彩色图像即可。另一种效果，则是复制"b"通道，粘贴到"a"通道中。具体操作方法，请参见本实例的教学视频。

效果 1

照片素材

效果 2

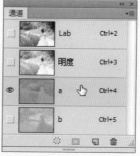

复制 a 通道

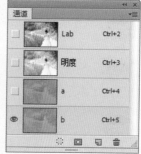

粘贴到 b 通道

20 懒人哲学——统统交给批处理

（提高阶段）

PREVIEW

学习要点

学习目标：学习动作和批处理方法。
难易程度：★ ★ ★ ☆ ☆
技巧：制作 Web 照片画廊，使用外部动作库。
实例类别：照片处理类。
素材位置：学习资源 / 素材 /20
效果位置：学习资源 / 效果 /20
视频位置：学习资源 / 视频 /20a~20c

懒得有道理

人类的一切发明创造都源自人类自身的懒惰。

这是什么道理呀，懒惰竟然成为推动科技进步的动力了？

没错。你看，人们因为懒得走路，于是就发明了汽车、飞机；懒得与他人面对面交流，就发明了电话；懒得思考和计算，就发明了计算器、电脑……正是由各种"懒得动"的理由，而催生出各式各样的创意发明。

嘿，看来像我这样的懒人说不定哪天就能蹦出个绝佳的点子呢！要是 Photoshop 也能为懒人提供些便利就好了。

当然有啦。Photoshop 中有一个专为聪明的"懒人"设计的功能——批处理，它可以让人花更少的力气做更多的事。

还真有这么好的功能呀，那详细说说吧。

举例来说，现在网络已经成为我们生活中的一部分了，很多人喜欢将照片上传到网上。为避免被盗用，我们可以用 Photoshop 制作一个个性化的 Logo，贴在照片上以标明版权。一张、两张照片倒还好办，要是几十张甚至上百张照片，那处理起来就相当麻烦了。如果遇到这种情况，我们就可以用 Photoshop 的动作功能，将 Logo 贴在照片上的操作过程录制下来，再通过批处理对其他照片播放这个动作，Photoshop 就会为每一张照片都添加相同的 Logo，我们就有时间偷懒了。

看来批处理真是个事半而功倍，哦不，应该是一劳而永逸的好东西呀。

🖱 实例动手做

下面我们就来学习怎样通过批处理为一组照片添加 Logo。先做一下准备工作，将学习资源中提供的本实例素材文件夹复制到我们自己电脑的硬盘上，然后进行下面的操作。

01 按 Ctrl+O 快捷键，打开图像素材。我们先来制作 Logo。

02 选择横排文字工具 T，在工具选项栏中选择字体、设置文字颜色。在画面中单击并输入文字。单击工具选项栏中的 ✔ 按钮，结束文字的编辑。

03 使用横排文字工具 T 再输入一行文字，然后按 Ctrl+A 快捷键选择这段文字，在工具选项栏中修改字体和大小。单击 ✔ 按钮，结束文字的编辑。

04 双击该文字图层，打开"图层样式"对话框，添加"渐变叠加"效果。

05 用横排文字工具 **T** 输入第三行文字，按 Ctrl+A 快捷键全选，然后修改字体。

Franklin Gothi... Regular -T 15点 aa 犀利

06 选择"背景"图层，按 Delete 键将其删除，让 Logo 位于透明背景上。

07 执行"文件>存储为"命令，将文件保存为 PSD 格式，然后关闭。

08 按 Ctrl+O 快捷键，打开一张照片。下面我们来录制为照片贴 Logo 的动作。执行"窗口>动作"命令，打开"动作"面板。单击该面板底部的 按钮，在弹出的对话框中输入名称"个性化 Logo"，创建动作组。

技巧：创建快捷批处理程序

如果工作或生活中经常用到批处理修改图像的分辨率、裁剪图像、调修照片、添加Logo等，不妨创建一个快捷批处理程序。我们只要将图像或者文件夹拖动到该程序的图标 上，不需要任何设定就可以自动完成批处理，操作就变得更加简单了。要创建这个小程序，可以执行"文件＞自动＞创建快捷批处理"命令，在打开的对话框中进行设定。具体选项与"批处理"对话框选项基本相同。

09 单击"动作"面板底部的 按钮，弹出"新建动作"对话框，单击"记录"按钮，在该组中新建一个动作，这时，面板中的开始记录按钮 会按下并呈现为红色，表示从现在开始，我们的所有操作都会被动作记录下来。

执行"图层＞拼合图像"命令，将图层合并。单击"动作"面板底部的 按钮，结束动作的录制。

10 执行"文件＞置入"命令，选择我们制作的Logo文件，将它置入当前文档中，按Enter键确认。使用移动工具 调整摆放位置。

12 将文件关闭（不必保存），我们来进行批处理。执行"文件＞自动＞批处理"命令，打开"批处理"对话框，在"播放"选项组中选择刚刚录制的动作，单击"源"选项组中的"选择"按钮，在打开的对话框中选择要添加Logo的文件夹，即我们复制到硬盘中

的文件夹。

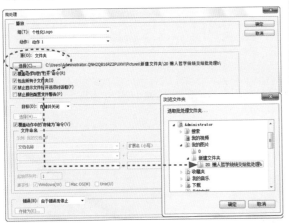

13 在"目标"下拉列表中选择"文件夹",然后单击"选择"按钮,在打开的对话框中为处理后的照片指定保存位置,这样就不会破坏原始照片了。

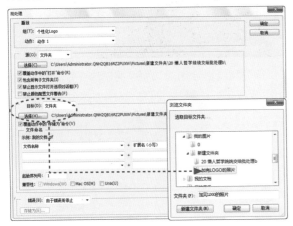

💡 提示

如果选择"目标"下拉列表中的"无"选项,则表示不进行保存,图像在Photoshop中仍为打开状态;选择"存储并关闭",则修改后的图像会覆盖原始文件。

14 以上设定完成之后,单击"确定"按钮,开始批处理,Photoshop就会为目标文件夹中的每一张照片都添加一个Logo,并将处理后的照片保存到指定的文件夹中。

分享我的技巧：制作 Web 照片画廊

Photoshop 中有一个用来浏览和管理图像的工具——Bridge，我们还能用它制作 Web 照片画廊。

执行"文件 > 在 Bridge 中浏览"命令，可以打开 Bridge。单击窗口右上角的"输出"按钮，然后再单击"Web 画廊"按钮，即可显示照片画廊选项。在窗口下面的列表中选择好照片后，再选择一个模板，最后单击"存储"按钮保存画廊文件。制作好的 Web 照片画廊可以通过 IE 浏览器观看，就像是在网上观看相片一样。该实例的具体操作方法可参见教学视频。

大胆尝试吧：使用动作库

动作可以简化操作、提高效率，是非常有用的功能。我们录制完动作以后，为避免将来升级Photoshop 版本，或重装 Photoshop 时丢失动作，可以将动作保存为一个单独的文件，需要的时候再将其载入"动作"面板中使用。

保存动作的方法是选择动作，然后执行"动作"面板菜单中的"存储动作"命令，将动作保存到指定的硬盘中就行了。如果要载入动作，则执行面板菜单中的"载入动作"命令。用该命令也可以载入外部动作库。

下面几张照片就是使用本书学习资源中的动作库制作的各种特效。你也尝试一下吧。如果有不清楚的地方，可以看一看本实例的教学视频。

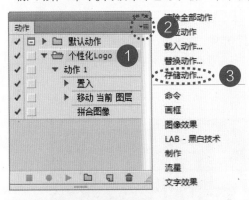

保存动作

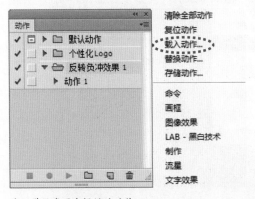

载入学习资源中提供的动作

反转负冲效果

雨雪效果

柔光效果

拼贴效果

好玩的
Photoshop

好学、好用、好玩的 Photoshop·写给初学者的入门书（第4版）

Continued ▶ 167~235

21 疯狂音乐家——
（精通阶段）

用 Photoshop 玩动画

学习要点

学习目标：了解动画的原理，制作一个图形与色彩同时变换的动画。
难易程度：★ ★ ☆ ☆
技术：动画、图层、视频。
技巧：将 PSD 文件导出为 GIF 格式动画，制作视频短片。
实例类别：动画类、视频类。
素材位置：学习资源 / 素材 /21
效果位置：学习资源 / 效果 /21
视频位置：学习资源 / 视频 /21a~21c

PREVIEW

 我们的眼睛有一种生理现象，叫作"视觉暂留性"，即看到一幅画或一个物体后，影像会暂时停留在眼前，1/24 秒内不会消失。动画便是利用这一原理，将静态但又是逐渐变化的画面，以每秒 20 幅的速度连续播放，就会给人造成一种流畅的视觉变

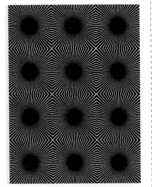

搖动此图，你会看到虚幻的运动效果

化效果。

　　动画分为两种，一种是用 Maya、3ds max 等制作的三维动画，另一种是用 Flash 等软件制作的二维动画。Photoshop 也提供了二维动画制作工具，虽不及专业动画软件全面，但像简单的运动、变形、旋转、发光等效果可以非常轻松地表现出来。动画的关键在于创意，只要有绝妙的点子，再辅以 Photoshop 强大的图像处理工具，就能制作出充满趣味性的动画。

珍贵的动画原稿

经典二维动画《铁臂阿童木》

制作第 1 个关键帧

01 按Ctrl+O快捷键，打开一个素材。"图层"面板中包含了卡通兔3个动作的分层图像。我们要做的是将这些动作串联起来，让卡通兔跳出欢快的舞蹈，而且还要变换颜色。

02 执行"窗口>时间轴"命令，打开"时间轴"面板。

选择上一帧
选择第一帧
播放动画
选择下一帧

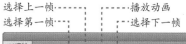

循环选项
帧延迟时间
动画帧
删除所选帧
复制所选帧
过渡动画帧

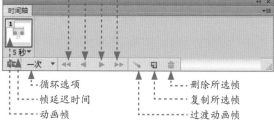

💡 **提示**

Photoshop的"时间轴"面板可以编辑视频文件，如果该面板与前面的图示不一样，则说明是在视频编辑状态中。单击面板右下角的▫▫▫按钮，可以切换为动画编辑状态。

03 现在"图层"面板中显示的是"图层1"，它被"时间轴"面板记录为第1个关键帧。我们来修改该图像的颜色。按Ctrl+U快捷键，打开"色相/饱和

度"对话框，先勾选"着色"选项，再拖动滑块，将
卡通兔调为红色。

04 继续编辑第1帧。在"时间轴"面板中单击"0秒"选项右侧的三角按钮，在打开的菜单中选择"0.1秒"，将帧的延迟时间设定为0.1秒。单击"一次"选项右侧的三角按钮，打开菜单，将循环次数设置为"永远"，让动画效果始终重复播放。

🖎 制作第2个关键帧

01 单击"时间轴"面板中的 🖻 按钮，创建第2个关键帧。现在它还与第1帧完全相同，我们需要为它指定另一个画面。

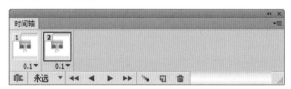

02 将"图层1"隐藏。选择"图层2"，并将该图层显示出来。

03 按Ctrl+U快捷键，打开"色相/饱和度"对话框，将卡通兔调为蓝色。

04 现在"时间轴"面板的第2帧记录下了当前的图像效果。将这一帧的延迟时间设置为0.2秒。

制作第3个关键帧

01 单击"时间轴"面板中的 ▣ 按钮，再创建一个关键帧。

02 将"图层2"隐藏，选择并显示"图层3"。按Ctrl+U快捷键，将卡通兔调为绿色。

03 现在动画已经制作好了，我们来预览一下吧。按空格键播放动画（要停止播放，可以再按一下空格键），可以看到，画面中的卡通兔不断地摇头晃脑，摆出各种姿势，而且，录音机也闪现出不同的颜色，效果生动、有趣。

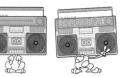

导出GIF动画文件

用Photoshop这种平面软件制作动画是一件非常有趣的事，看到自己的作品能够"动"起来着实令人兴奋。但如果只能在Photoshop中欣赏动画，而不能与朋友分享快乐，岂不是有些遗憾。我有办法解决这个问题，只需进行简单的设定，就能将动画导出为一个独立的GIF文件，你可以将它上传到微博或者作为QQ表情，在网上灌水的时候也可以将它贴上，很好玩的。

01 执行"文件>存储为Web和设备所用格式"命令，在打开的对话框中选择"GIF"格式，勾选"透明度"选项（让背景透明），设置"循环选项"为"永远"，卡通兔就会永远不知疲倦地跳下去。

02 单击"存储"按钮，弹出"将优化结果存储为"对话框，设置文件名和保存位置后，单击"保

存"按钮，即可将动画文件保存为GIF格式。至于将动画文件上传到网络或是QQ，操作方法与上传照片一样，具体的我就不再赘述了。

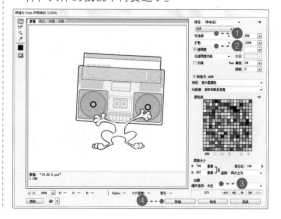

分享我的技巧：制作微电影

"时间轴"面板即 Photoshop CS5 版本中的"动画"面板，在保留原有视频编辑功能的基础上，新的面板提供了更加完美的视频效果，如过渡、特效等。

使用 Photoshop CS6 Extended（扩展版）可以打开和编辑 3GP、3G2、AVI、DV、FLV、F4V、MPEG-1、MPEG-4、QuickTime MOV、WAV 等格式的视频文件。我们可以用画笔工具和图章工具在视频文件的各个帧上进行绘制和仿制；也可以创建选区或应用蒙版来限定编辑区域，或者像编辑常规图层一样调整视频帧的混合模式、不透明度、位置和图层样式。此外，视频组中还可以创建其他类型的图层，如文本、图像和形状图层。下面是一个视频方面的实例——用滤镜制作的铅笔素描风格微电影。具体操作方法可以看一下学习资源中的教学视频。

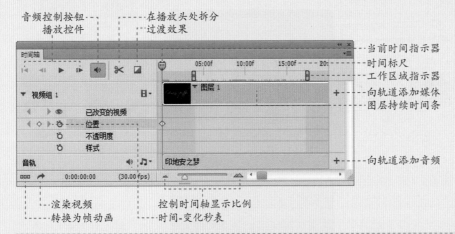

视频素材

用滤镜编辑视频

 大胆尝试吧：制作发光动画

Photoshop 的图层样式可以制作成有趣的动画效果。例如，在下面的实例中，小卡通人的身体会向外发出不同颜色的光。

就行了。你也尝试一下吧，如有不清楚的地方，可以看教学视频。

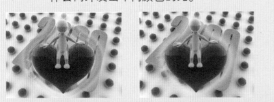

这个动画的制作并不复杂，我们只要为小卡通人添加 3 种颜色的"外发光"效果，并将其记录为 3 个动画帧

22 超级可乐罐——
（精通阶段）
用 Photoshop 玩 3D

学习要点

学习目标：用 Photoshop 的 3D 功能制作立体模型，为之贴图、设定灯光。
难易程度：★★★★☆
技术：3D、渐变、曲线、合成。
技巧：用曲线调整模型，让罐体质感更加真实。
实例类别：3D 类。
素材位置：学习资源/素材/22
效果位置：学习资源/效果/22
视频位置：学习资源/视频/22a~22c

PREVIEW

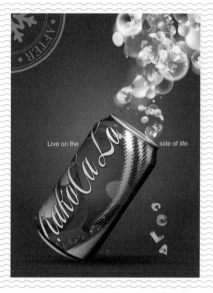

Live on the   side of life

Photoshop越来越强大了，它在平面处理方面不断带给我们惊喜的同时，竟然将触角延伸到了3D领域，实在是让广大PS爱好者开心。现在的Photoshop CS6 Extended（扩展版）不仅可以处理3ds max、Alias和Maya 等主流3D程序创建的 3D 文件（.u3d、.3ds、.obj、.kmz 和 Collada 格式），它自身还能够创建3D模型、3D立体字，并为其赋予纹理、贴图和灯光。下面我们就通过制作一个可乐罐，充分领略3D功能的神奇魅力吧。

✐ 制作易拉罐模型

01 按Ctrl+N快捷键，打开"新建"对话框，新建一个文档。选择渐变工具 ▇，在工具选项栏中按径向渐变按钮 ▇，在画面中填充渐变颜色。

新建		
名称(N): 未标题-1		确定
预设(P): 自定		取消
大小(I):		存储预设(S)...
		删除预设(D)...
宽度(W): 210	毫米	
高度(H): 297	毫米	
分辨率(R): 150	像素/英寸	
颜色模式(M): RGB 颜色	8 位	
背景内容(C): 白色		图像大小:
▶ 高级		6.22M

02 新建一个图层。执行"3D>从图层新建网格>网格预设>汽水"命令，弹出一个对话框，单击"是"按钮，切换到3D工作区并创建易拉罐。

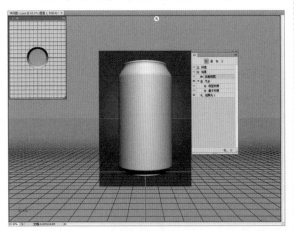

03 单击"3D"面板中的"标签材质"选项，在弹出的"属性"面板中设置闪亮参数为56%，粗糙度为49%，凹凸为1%。

✐ 为模型添加贴图

01 单击"漫射"选项右侧的图标，打开下拉菜单，选择"替换纹理"命令，在打开的对话框中选择学习资源中的易拉罐贴图素材。

03 打开"漫射"菜单，选择"编辑UV属性"命令，在打开的"纹理属性"对话框中设置参数，调整纹理的位置，使贴图适合易拉罐的大小。

02 选择移动工具，然后在工具选项栏中选择缩放3D对象工具，在画面中单击并向下拖动鼠标，将易拉罐缩小；再用旋转3D对象工具旋转罐体，让商标显示到前方；接着用拖动3D对象工具将它移动到画面下方。

04 按住Ctrl键单击"图层1"的缩览图，载入易拉罐的选区。

05 按Shift+Ctrl+I快捷键反选。单击"调整"面板中的 按钮，创建一个"曲线"调整图层，我们用这个图层来增强易拉罐边缘的金属质感，增加图像的亮度，使其产生金属光泽。按面板底部的 按钮，创建剪贴蒙版，使调整只对易拉罐有效，不会影响背景。

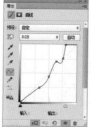  

✍ 在3D场景中布置灯光

01 选择"图层1"。单击"3D"面板中的"无限光"选项。

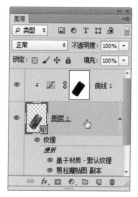 

02 在"属性"面板中设置颜色强度为93%。

03 单击"图层"面板底部的 ⬒ 按钮，新建一个图
层。将前景色设置为黑色。选择渐变工具 ▦，按
径向渐变按钮 ◉，在渐变下拉面板中选择"前景色到
透明渐变"，在画面中心填充径向渐变。

06 使用移动工具 ▶⊹将素材拖入易拉罐文档中，并适
当调整一下位置。

04 将该图层拖到"图层1"下方。按Ctrl+T快捷键
显示定界框，调整图形高度，使之成为易拉罐的
投影。

05 按Ctrl+O快捷键，打开学习资源中的素材文件。

分享我的技巧：修改 3D 对象的材质

3D 文件包含网格、材质和光源等组件。其中，网格相当于 3D 模型的骨骼；材质相当于 3D 模型的皮肤；光源相当于太阳或白炽灯，可以使 3D 场景亮起来，让 3D 模型可见。

在工具箱中，有两个可以编辑 3D 材质的工具，使用 3D 材质吸管工具 在 3D 对象表面单击，可以对材质进行取样；使用 3D 材质拖放工具 单击 3D 对象，则可以将当前选择的材质应用于对象（这两个工具的具体使用方法，参见教学视频）。

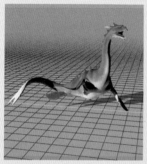

3D 恐龙

恐龙的网格结构

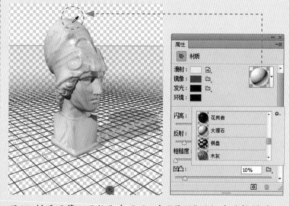

用 3D 材质吸管工具拾取表面后，在"属性"面板中选择材质

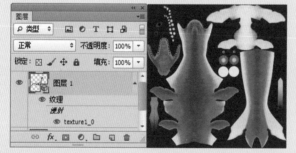

恐龙模型使用的纹理材质

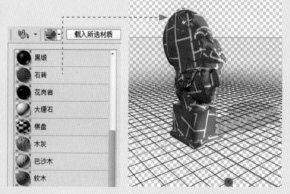

选择材质后，用 3D 材质拖放工具将其应用于 3D 对象表面

点光

聚光灯

无限光

大胆尝试吧：制作 3D 玩偶

Photoshop CS6 Extended 可以基于 2D 对象，如图层、文字、路径等生成各种 3D 对象。例如，下面图中的 3D 玩偶模型便是用卡通素材创建的。

行 "3D> 从所选图层新建 3D 凸出" 命令，即可生成 3D 对象。单击 "3D" 面板中的 "图层 1"，在 "属性" 面板中为玩偶选择凸出样式，最后调整玩偶和灯光的位置就行了。你也试一下吧，如有不清楚的地方，可以看看教学视频。

2D 图像素材

3D 模型

该实例的操作方法是，选择玩偶所在的图层，执

23 视觉游戏——隐身术

（精通阶段）

学习要点

学习目标：运用混合模式和蒙版等功能，让人物"隐身"于背景中。
难易程度：★★★☆☆
技术：混合模式、图层蒙版。
技巧：将图像粘贴到调整图层的蒙版中，用图像控制调整图层。
实例类别：视觉特效类。
素材位置：学习资源／素材／23
效果位置：学习资源／效果／23
视频位置：学习资源／视频／23a~23c

在自然界里，变色龙能根据环境随时改变自身的颜色，将自己完美地隐藏于周围环境中。荷兰女艺术家戴茜丽·帕尔曼从变色龙身上得到灵感，拍摄了大量让人叹为观止的"隐形人"照片。在她的照片中，模特穿着与周围景物一模一样的特制"隐身衣"，在各种环境里"消失"。帕尔曼拍摄这些"隐形人"照片需要花费很长时间来准备。她首先用手工亲手制作那些用于伪装的"隐身衣"，然后不辞辛苦地在上面一点点绘制出与所选择背景相应的图案。最后，她自己或模特穿上这些衣服，站在相应的点摆出合适的姿势，拍出"隐形人照片"。

下面我们借助于数码技术，也尝试一下隐身的乐趣吧。

✐ 调整曝光

01 按Ctrl+O快捷键，打开一个人物素材。我们先来对图像的影调进行调整。按Ctrl+J快捷键复制"背景"图层，得到"图层1"。

02 按Shift+Ctrl+U快捷键去除颜色，得到黑白图像。按Ctrl+A快捷键全选，按Ctrl+X快捷键，将图像剪切到剪贴板中，后面的操作中会用到它。现在图像已经从画面中剪切掉了，"图层1"就变成了空图层，按Delete键将其删除。

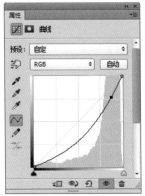

03 单击"调整"面板中的 按钮，创建"曲线"调整图层。在曲线上半段添加控制点，并向下拖动曲线，将图像调暗。

04 按住Alt键单击"曲线"的蒙版缩览图，文档窗口中会显示蒙版图像。由于蒙版还没有编辑过，所以现在窗口中显示的是白色的画布。

05 按Ctrl+V快捷键，将剪贴板中的黑白人像粘贴到蒙版中，按Ctrl+D快捷键取消选择。使用"曲线"调整图像以后，阴影区域有些暗，在蒙版中粘贴图像，就可以提高阴影区域的明度，让图像仍然保持清新、明快的色调风格。

06 按住Alt键再单击蒙版缩览图一下，结束蒙版的编辑，窗口中会重新显示图像。

07 将前景色设置为黑色。选择一个柔角画笔工具 ，在人物的面部涂抹黑色，降低调整图层对五官的影响，让女孩的面部恢复白皙效果。

✐ 让女孩隐身

01 按Ctrl+O快捷键，打开学习资源中的花瓣素材。使用移动工具 将其拖入人像文档中，生成"图层1"，设置该图层的混合模式为"颜色加深"，不透明度为80%。

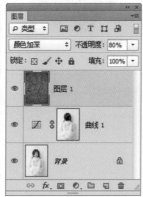

02 选择快速选择工具 ，勾选"对所有图层取样"选项。在"图层1"和"曲线"层的眼睛图标 上单击，将这两个图层隐藏。将人物的头部选中。

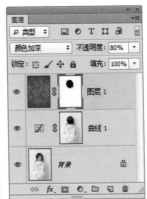

03 将"图层1"和"曲线"层显示出来。 按住Alt键单击"图层"面板底部的 ◻ 按钮，创建一个反相的蒙版，将选中的图像隐藏，使"背景"层中的人物面部图像显现出来。

04 最后再来做一些修饰。选择柔角画笔工具 ✎，将工具的不透明度设置为30%，在人物的发梢处涂抹一些灰色。

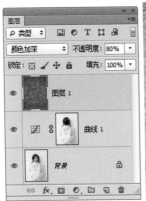

蒙版修改结果   图像最终效果

分享我的技巧 : 置换同构

我们从荷兰艺术家戴茜丽·帕尔曼的"隐形人"照片中获得启发，用 Photoshop 完成了花朵与女孩的创意合成。这种效果在图形设计中属于变相同构，即按照一定的目标，利用图形的相似性，把一种形象变为另一种形象。多了解一些设计方面的知识，能够提升我们的艺术表现力，也能获取很多灵感。

例如，下面是一个置换同构实例。我们可以看到，一个人手持的黑白照片替换了后面的狗狗图像，整个画面立刻变得妙趣横生。

要实现这种效果一点也不难，我们只要复制出一个狗狗图层，然后用多边形套索工具在照片内部创建一个

选区，通过创建图层蒙版，将选区之外的多余图像隐藏；再用"海报边缘"滤镜和"黑白"调整图层将照片内部的图像处理为黑白效果就行了。详细操作方法，可参见本实例的教学视频。

大胆尝试吧 : 制作美丽的文身

在前面的实例中，我们通过混合模式、图层蒙版，将人像与花朵巧妙地融合在一起，使女孩"隐身"于花丛之中。类似的效果也可以通过混合颜色带来实现。

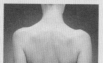

实例效果

该实例的操作方法是，双击花纹所在的图层，打开"图层样式"对话框，按住 Alt 键分别拖动"混合颜色带"选项组中的"本图层"和"下一图层"的白色滑块，将白色滑块分开，并向左移动。这样操作之后，本图层中的白色像素被隐藏，下一图层的白色像素会显示出来，纹样便贴在了人体上，效果非常真实。按照上述方法，你也可以做出这种效果。如有不清楚的地方，就看看教学视频吧。

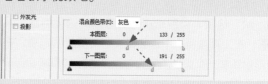

24 麦兜心愿——想成为兔子的小猪

（精通阶段）

PREVIEW

 麦兜——一只可爱的天真的小猪，它的理想是做一个校长，每天收集了学生的学费之后就去吃火锅。今天吃麻辣火锅，明天吃酸菜鱼火锅，后天吃猪骨头火锅。

这一天，春田花花幼稚园里来了一位新同学，一只漂亮、可爱的小白兔。于是麦兜开始了他的另一个梦想……

制作猪猪的身体

01 按Ctrl+N快捷键打开"新建"对话框，创建一个A4大小、分辨率为200像素/英寸的RGB文件。

02 选择钢笔工具 ，在工具选项栏中选择"形状"选项，绘制出小猪的身体。选择椭圆工具 ，在工具选项栏中选择减去顶层形状 选项，在图形中绘制一个圆形，它会与原来的形状相减，形成一个孔洞。

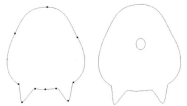

03 双击形状图层，在打开的"图层样式"对话框中分别选择"斜面和浮雕""等高线""内阴影"效果，为图形添加这几种效果。

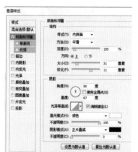

05 添加"投影"效果，增强小猪身体的立体感。

04 继续添加"内发光""渐变叠加""外发光"效果，为小猪的身上增添色彩。

01 使用钢笔工具绘制小猪的耳朵。使用路径选择工具按住Alt键拖动耳朵，将其复制到画面右侧，执行“编辑>变换路径>水平翻转”命令，制作出小猪右侧的耳朵。

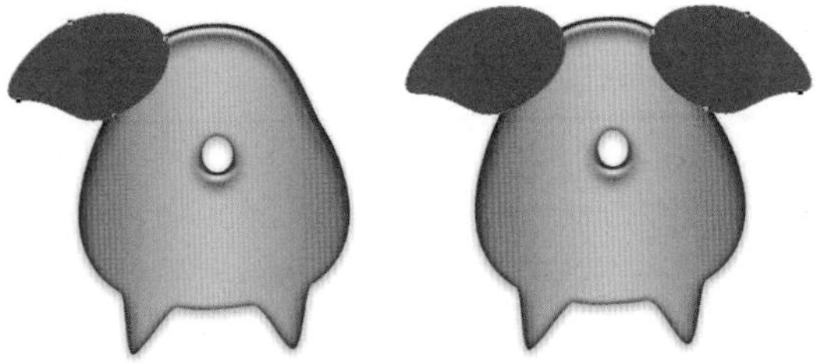

02 按Ctrl+[快捷键，将“形状2”向下移动。按住Alt键将“形状1”图层后面的效果图标 fx 拖动到“形状2”，将效果复制到耳朵上。

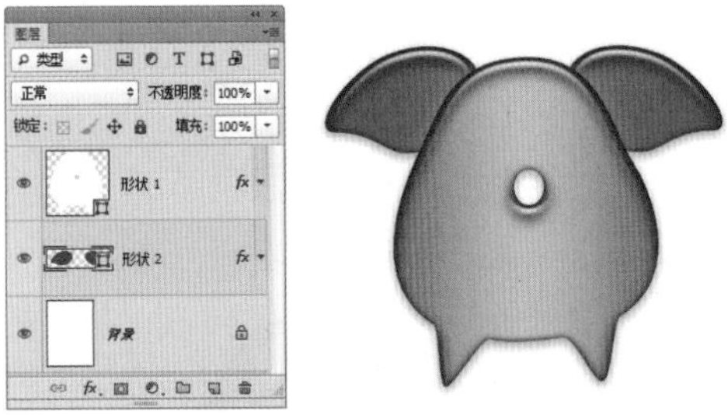

03 给小猪绘制一个像兔子一样的耳朵，复制图层样式并粘贴到耳朵上。

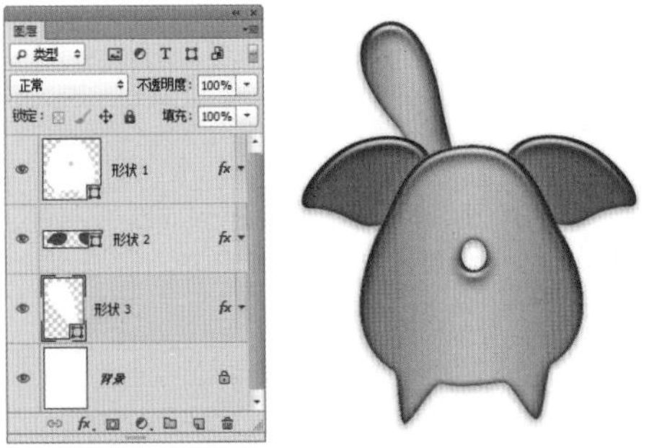

04 将前景色设置为黄色。双击“形状3”图层，打开“图层样式”对话框，选择“内阴影”选项，调整参数。选择“渐变叠加”选项，单击渐变颜色后面的三角按钮，打开渐变下拉面板，选择“透明条纹渐变”，由于前景色设置了黄色，透明条纹渐变也会呈现黄色，将角度设置为113度。

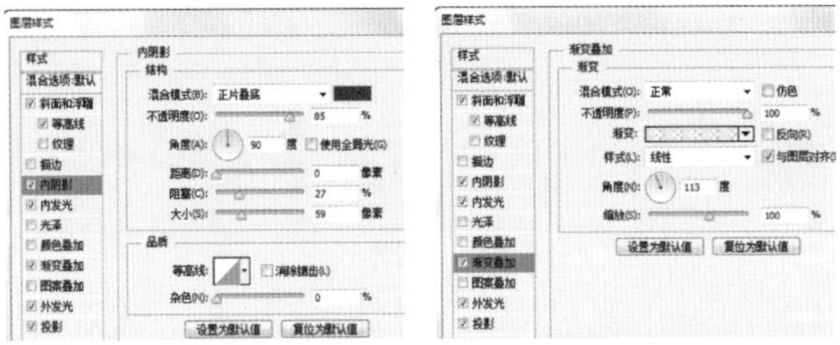

05 按Ctrl+J快捷键复制耳朵图层，将其水平翻转到另一侧。

06 双击该图层，在“渐变叠加”选项中调整角度参数为65度。

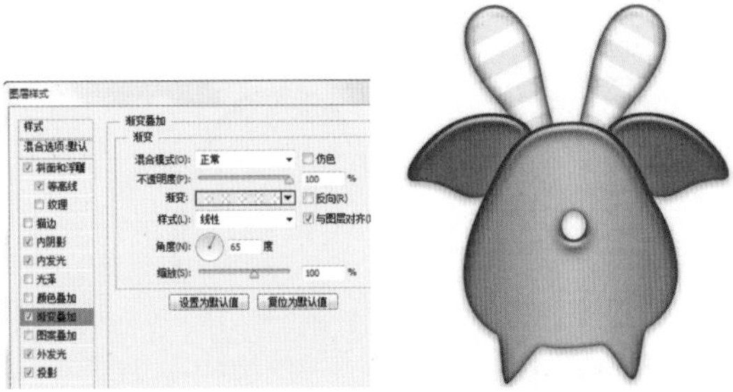

07 分别绘制出小猪的眼睛、鼻子、舌头和脸上的红点，它们位于不同的图层中，注意图层的前后位置。绘制眼睛时，可以先画一个黑色的圆形，再画一个小一点的圆形选区，按Delete键删除选区内图像，就形成了一个月牙形了。

制作眼镜

01 选择自定形状工具 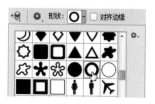，在形状下拉面板中选择"圆形边框"，在小猪的左眼上绘制眼镜框。按住Alt键将耳朵图层的效果图标 *fx* 拖动到眼镜图层，为眼镜框添加条纹效果。

02 双击该图层，调整"渐变叠加"的参数，设置渐变样式为"对称的"，角度为180度。

03 按Ctrl+J快捷键复制眼镜框图层，使用移动工具将其拖到右侧眼睛上。绘制一个圆角矩形连接两个眼镜框。

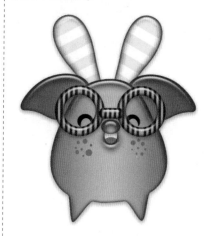

04 将前景色设置为紫色。在眼镜框图层下方新建一个图层。选择椭圆工具 ，在工具选项栏中选择"像素"选项，绘制眼镜片，设置图层的不透明度为63%。

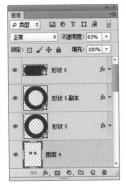

05 新建一个图层，用与制作眼睛相同的方法，制作出两个白色的月牙儿图形，作为眼镜片的高光，设置图层的不透明度为80%。

06 选择柔角画笔工具 ，设置画笔参数。将前景色设置为深棕色。选择"背景"图层，在其上方新建一个图层，在小猪的脚下单击，绘制出投影效果。

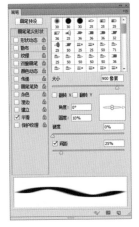

07 最后，为小猪绘制一个黄色的背景，在画面下方输入文字。

一只想成为兔子的小猪

分享我的技巧：立体笑脸

在 Photoshop 中，3D 功能和图层样式都可以制作出立体效果。它们的区别在于，3D 功能能够制作出真正的立体模型，我们可以从不同的角度观察它，还可以在 3D 场景中添加光源、为模型贴图、让模型生成投影。

用图层样式制作的立体对象并不是真正的 3D 对象，它只能以一个角度展示，我们无法观察它的侧面和背面。但由于图层样式可以在对象表面添加各种图案、纹理、颜色、光效，并且也可以添加投影，所以对象的质感更加逼真。

如果我们将 3D 功能与图层样式结合起来使用，就可以制作出非常完美的立体效果了，如下面的笑脸（详细操作方法可参见教学视频）。

2D 素材　　　　用图层样式制作的效果　　　　3D 模型

在 Photoshop 中绘制的笑脸图像素材　　使用"3D>从所选图层新建3D凸出"命令生成的3D立体模型　　添加图层样式后的效果

 ## 大胆尝试吧：制作打孔字

图层样式可以制作出各种特效字，如糖果字、水晶字、金属字、霓虹灯字，以及下面图示中的打孔字。

视频中有该实例的具体操作方法，去看看吧。

绘制文字图形　　　添加图层样式

在该实例中，文字是用各种形状工具绘制的形状图层组成的，之后再对形状图层添加图层样式。为了使效果更加生动，我们复制了文字，对其进行翻转并应用"动感模糊"滤镜，制作成为文字的倒影。学习资源的教学

 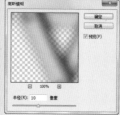

制作倒影　　　应用"动感模糊"滤镜

25 哇！无敌球员——冰的艺术 （精通阶段）

PREVIEW

Photoshop在质感表现方面提供了图层样式、滤镜、通道等强大工具，只要发挥出它们的功效，就可以制作出美轮美奂的视觉特效。本实例我们来制作一双冰手，我们将使用滤镜、混合模式、混合颜色带、蒙版等工具表现冰的造型和晶莹剔透的质感。

 选中手并分层保管

01 按Ctrl+O快捷键，打开一个文件。使用快速选择工具 （画笔大小设置为70像素）将手选中。

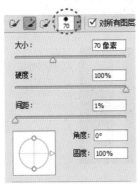

02 在创建选区时，一次是不能完全选中两只手的，对于多选的部分，可以按住Alt键在其上拖动鼠标，将其排除到选区之外；对于漏选的区域，可以按住Shift键在其上拖动鼠标，将其添加到选区中。

按住Alt键在多选的图像上拖动鼠标，将其排除到选区之外

按住Shift键在漏选的图像上拖动鼠标，将其添加到选区之中

03 按4下Ctrl+J快捷键，将选中的手复制到4个图层中。在一个图层的名称上双击一下，会出现文本框，为图层输入新的名称。采用这种方法，将4个图层分别命名为"手""质感""轮廓"和"高光"。

04 选择"质感"图层，在其他3个图层的眼睛图标 👁 上单击，将它们隐藏。

🖉 制作冰雕效果

01 执行"滤镜>艺术效果>水彩"命令，打开"滤镜库"，用"水彩"滤镜处理图像。

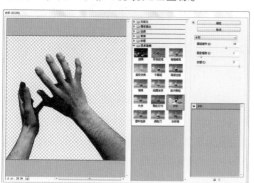

02 双击"质感"图层，打开"图层样式"对话框，在"混合颜色带"选项组中，按住Alt键向右侧拖动"本

图层"中的黑色滑块，将它分为两个部分，然后将右半部滑块定位在色阶237处。这样调整以后，可以将该图层中色阶值低于237的暗色调像素隐藏，只保留由滤镜所生成的淡淡的纹理，而将黑色边线隐藏。

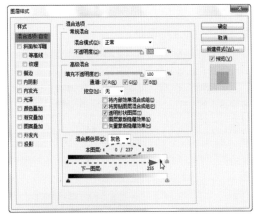

03 选择并显示"轮廓"图层。执行"滤镜 > 风格化 > 照亮边缘"命令，打开"滤镜库"对话框，添加该滤镜效果。

技巧：特别的蒙版——混合颜色带

混合颜色带是一种高级蒙版，因此，它也是用来隐藏图像的，不过操作方法比较特殊。在其选项组中，"本图层"是指我们当前正在编辑的图层，拖动本图层滑块，可以隐藏当前图层中的像素。例如，将黑色滑块向右移动到色阶80处时，当前图层中亮度值低于80的像素就会被隐藏；将白色滑块向左移动到色阶80处时，则会隐藏当前图层中亮度值高于80的像素。

"下一图层"是指位于当前图层下方的那个图层，拖动下一图层滑块，可以使下层中的像素穿透当前图层显示出来。例如，将"下一图层"中的黑色滑块向右移动到色阶80处时，下面图层中亮度值低于80的像素就会穿透当前图层显示出来；将"下一图层"中的白色滑块向左移动到色阶80处时，则亮度值高于80的像素会穿透当前图层显示出来。

在本实例中，我们按住Alt键拖动"本图层"中的滑块，将其分为了两个部分。这样操作的好处在于，可以在隐藏的像素与显示的像素之间创建半透明的过渡区域，使隐藏效果的过渡更加柔和、自然。

04 将该图层的混合模式设置为"滤色"，可生成类似于冰雪般的透明轮廓。

05 按Ctrl+T快捷键显示定界框，拖动两侧的控制点将图像拉宽，使轮廓线略超出手的范围。按住Ctrl键将右上角的控制点向左移动一点。

08 选择并显示"手"图层，按"图层"面板顶部的 按钮，将该图层的透明区域锁定。

06 按Enter键确认。选择并显示"高光"图层，执行"滤镜>素描>铬黄"命令，应用该滤镜。

09 按D键恢复默认的前景色和背景色，按Ctrl+Delete快捷键填充背景色（白色），使手图像成为白色。由于我们锁定了图层的透明区域，因此，颜色不会填充到手外边。

07 将该图层的混合模式设置为"滤色"。

10 单击"图层"面板底部的 按钮，为图层添加蒙版。使用柔角画笔工具 在两只手内部涂抹灰色，颜色深浅有一些变化。

添加图层蒙版

在蒙版中涂抹灰色

蒙版效果

图像效果

||单击"高光"图层，然后按住 Ctrl 键单击该图层的缩
览图，载入手的选区。

|2 单击"调整"面板中的  按钮，创建"色相 / 饱和
度"调整图层，将手调整为冷色。选区会转化到调
整图层的蒙版中，限定调整范围。

|3 单击"图层"面板底部的 按钮，在调整图层上
面创建一个图层。选择柔角画笔工具 ，按住 Alt
键（切换为吸管工具 ）在蓝天上单击，拾取蓝色作
为前景色，然后放开 Alt 键，在手臂内部涂抹蓝色，让
手臂看上去更加透明。

✐ 增强冰的透明效果

01 选择"背景"图层。选择椭圆选框工具 ⬭ ，选中篮球。

💡 提示 --------------------

创建圆形选区时，可以按住空格键拖动鼠标，移动选区，将其准确定位在篮球上。

02 按 Ctrl+J 快捷键将篮球复制到一个新的图层中，按 Shift+Ctrl+] 快捷键，将该图层调整到最顶层。

03 按 Ctrl+T 快捷键显示定界框。单击鼠标右键打开快捷菜单，选择"水平翻转"命令，翻转图像；将光标放在控制点外侧，拖动鼠标旋转图像。

04 按 Enter 键确认。单击"图层"面板底部的 ▣ 按钮，为图层添加蒙版。使用柔角画笔工具 ✎ 在左上角的篮球上涂抹黑色，将其隐藏。按数字键 3，将画笔的不透明度设置为 30%，在篮球右下角涂抹浅灰色，使手掌内的篮球呈现若隐若现的效果。

05 按住 Ctrl 键单击"手"层的缩览图，载入手的选区。选择椭圆选框工具 ⬭ ，按住 Shift 键拖动鼠标将篮球选中，将其添加到选区中。

06 执行 "编辑>合并拷贝" 命令，复制选中的图像，按Ctrl+V快捷键粘贴到一个新的图层中（ "图层3" ）。按住Ctrl键单击 "轮廓" 图层，将它与 "图层3" 同时选择。

✍ 将冰雕添加到新背景中

01 按Ctrl+N快捷键，打开 "新建" 对话框，创建一个文档。

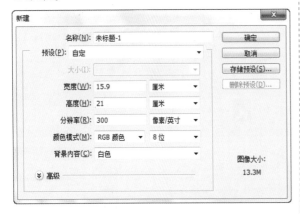

02 使用移动工具 ▶✛ 将选中的两个图层拖动到该文档中。

03 选择 "背景" 图层。将前景色设置为深蓝色（ R:15，G:20，B:24 ），按Alt+Delete快捷键为该图层填色。

04 单击"图层"面板底部的 ▢ 按钮，创建一个图层。选择画笔工具 ✐，打开"画笔"面板，调整笔尖大小和圆度。在篮球后面单击，点出一处高光。

06 单击"图层"面板底部的 ▢ 按钮，创建一个图层组，再单击 ▢ 按钮，在组中新建一个图层。选择直线工具 ✐，在工具选项栏中选择"像素"选项，设置线条粗细为5px，调整前景色（R:128，G:37，B:198），按住Shift键在画面右上角绘制一条直线。

05 观察手臂边缘可以看到，边线是彩色的。这是由于轮廓线是彩色的，而"轮廓"图层又设置了混合模式，使得色彩变得更加突出。下面我们来将颜色处理掉。选择"轮廓"图层，按Shift+Ctrl+U快捷键，去除图像的颜色，就可以清除轮廓线的色彩。

07 按"图层"面板顶部的 ▢ 按钮，将该图层的透明区域锁定。使用横排文字工具 T 输入文字。

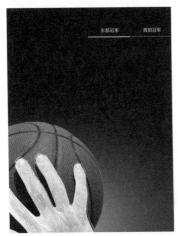

08 选择文字图层和线条图层，使用移动工具 ▶⊕按住 Shift+Alt 快捷键向左侧拖动进行复制。然后在文字图层的缩览图上双击，进入文本编辑状态，修改文字内容。再选择线条图层，将前景色调整为浅蓝色，按 Alt+Delete 快捷键填色。由于我们事先锁定了图层的透明区域，因此，颜色不会填到线条之外。

09 采用同样方法，复制文字和线条，并修改文字内容和线条颜色。

26 保护人类的朋友——公益广告 （精通阶段）

大象曾经是地球上分布最广泛的动物类群之一，是高智商动物，有着丰富的情感，堪称动物界中的"智者"。如今，受环境破坏、偷猎以及旅游业的影响，全球仅有三种大象幸存，亚洲的野生大象数量不足5万头，保护大象刻不容缓。本实例我们来制作一幅公益广告，唤起人们对大象的生存现状与保护的关注，呼吁人类与野生动物和谐共处。

制作地面

01 按Ctrl+O快捷键，打开学习资源中的素材文件。

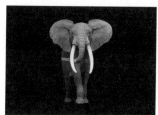 

02 选择"背景"图层。将前景色设置为灰褐色（R76、G67、B52）。使用渐变工具 ■ 填充一个倾斜的线性渐变。

03 打开学习资源中的素材文件，使用移动工具 ▶╋ 将其拖入大象文档中。单击"图层"面板底部的 ▢ 按钮，为图层添加蒙版。使用柔角画笔工具 ✎ 在地面周围涂抹黑色，使图像能够融合到背景中。

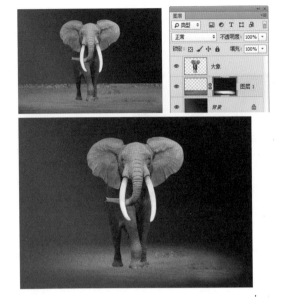

04 单击"图层"面板底部的 ▣ 按钮，新建一个图层。在画面底部涂抹黑色，可以降低画笔工具 ✎ 的不透明度，使颜色过渡自然。

✎ 制作裂缝和碎沙

01 选择套索工具 ♀，设置羽化参数为2像素。在大象左侧耳朵上创建一个选区。

02 按住Alt键单击 ▣ 按钮基于选区创建一个反相的蒙版，将选区内的图像隐藏。

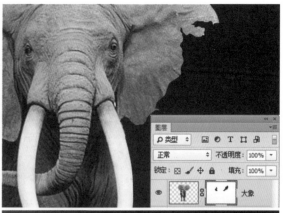

03 分别在大象的右耳和两条后腿处创建选区，将选区填充黑色，使这部分区域隐藏，制作出断裂效果。

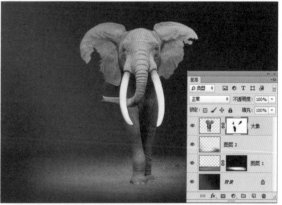

04 打开一个素材文件，将其拖入大象文档中，按 Alt+Ctrl+G 快捷键创建剪贴蒙版，设置混合模式为"正片叠底"，形成裂纹效果。

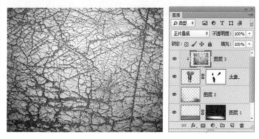

05 创建并编辑蒙版，隐藏部分纹理。打开一个素材文件。拖入大象文档后，按Ctrl+T快捷键显示定界框，调整图像的角度。

06 单击鼠标右键，在打开的快捷菜单中选择"变形"命令，显示变形网格，拖曳锚点使图像中的光线变垂直。调整好后，按Enter键确认。

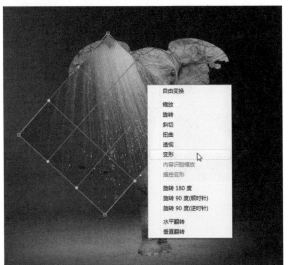

08 创建蒙版，使用画笔工具 🖌 在图像的边缘涂抹黑色，将边缘隐藏。

07 双击该图层，打开"图层样式"对话框，按住Alt键拖曳本图层选项中的黑色滑块，隐藏该图层中所有比该滑块所在位置暗的像素，使图像能更好地融合到背景中。

混合颜色带(E): 灰色 ▾

本图层: 0 / 120   255

下一图层: 0   255

09 打开一个素材文件，拖入大象文档中并调整角度。设置混合模式为"滤色"。创建蒙版，将多余的图像隐藏。

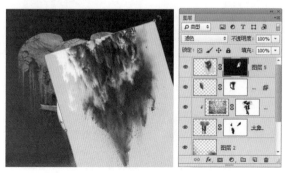

打开一个素材，拖入大象文档后，创建蒙版，将土堆底边隐藏，使其与背景的土地融为一体。

10 在"图层"面板中选择大象左耳上尘土所在的图层，按住Alt键向上拖曳，复制该图层。双击该图层，对混合颜色带参数进行调整，向右拖曳黑色滑块，更多地隐藏当前图层的背景区域。

混合颜色带(E): 灰色

本图层: 0 / 188   255

下一图层: 0   255

12 按住Ctrl键单击"大象"图层的缩览图，载入大象的选区。

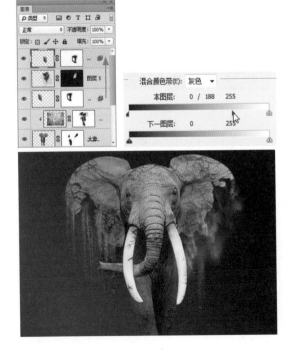

13 新建一个图层。将选区填充黑色，按Ctrl+D快捷
键取消选择。按Ctrl+T快捷键显示定界框，拖曳
定界框将图像缩小；按住Ctrl键拖曳定界框的一角，
对图像进行变形处理。按Enter键确认。

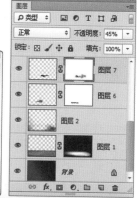

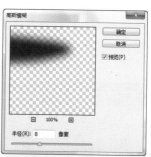

14 执行"滤镜>模糊>高斯模糊"命令，设置半径为
8像素，使投影边缘变得柔和，设置该图层的不透
明度为45%。创建蒙版，用画笔工具 ✎ （不透明度为
30%）在投影上涂抹黑色，表现出明暗变化。

15 打开学习资源中的素材文件，将"土石"图层组
拖入大象文档中。

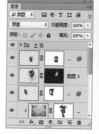

01 新建一个图层。选择多边形套索工具 ▽ （羽化为50像素）创建3个选区。填充白色，制作3束由左上方投射下来的光线。

02 设置该图层的混合模式为"柔光"，不透明度为40%。用橡皮擦工具 ▰ （柔角，不透明度为30%）修饰一下大象身上的光线，将多余的部分擦除。最后，用画笔工具 ✎ 在画面左上角及地面的土堆上涂抹一些白色，营造一个柔和的光源氛围。

27 使命召唤——擎天柱重装上阵

（精通阶段）

学习要点

学习目标：通过影像合成技术将虚拟与现实结合，制作具有视觉震撼力的作品。

难易程度：★ ★ ★ ★ ☆

技术：滤镜、蒙版。

技巧：通过锁定透明像素，保护图像中的透明区域，使其不受填充和绘画的影响。

实例类别：创意设计类。

素材位置：学习资源/素材/27

效果位置：学习资源/效果/27

视频位置：学习资源/视频/27

PREVIEW

赛伯顿星球的狂派首领威震天制订了一个极其邪恶的计划，他企图借助火种源的辐射能把地球上所有的电子产品都变成"霸天虎"部队的一员，由此打败"汽车人"，进而统治整个宇宙。在这紧要关头，作为坚决捍卫宇宙和平的"汽车人"首领擎天柱从纸面上跃然而出，一场博派领袖擎天柱与狂派首领威震天的惊天大战即将上演……

 修饰背景并调色

01 按Ctrl+O快捷键，打开一个素材。这张照片的背景有点杂，我们先来进行一些修饰，片子的整体色调也要进行调整。

02 单击"图层"面板底部的 ▢ 按钮，创建一个图层。将前景色设置为白色。选择渐变工具 ▣ 并打开渐变下拉面板，选择前景到透明渐变。

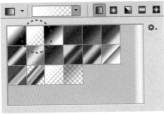

03 按住Shift键在画面顶部填充渐变,然后分别在左右两侧也填充渐变。这样处理以后可以使顶部图像变亮,杂物就不明显了。

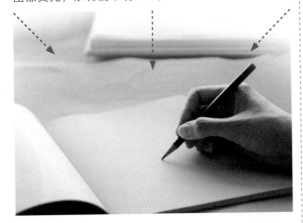

04 单击"调整"面板中的 ▨ 按钮,创建"可选颜色"调整图层。分别选择"红色""中性色"进行调整。

05 再创建一个图层,设置混合模式为"颜色"。调整前景色(R:94,G:108,B:96),按Alt+Delete快捷键填色。单击 ▣ 按钮为该图层添加蒙版,并填充黑白渐变,使该图层中的颜色只影响画面上方的图像,而不会影响到手。

01 打开一个变形金刚素材。打开"路径"面板，单击路径层，然后按Ctrl+Enter快捷键，将路径转换为选区。

02 使用移动工具 ▶⊕ 将选中的变形金刚拖入手照片文档中。

03 按两下Ctrl+J快捷键复制图层。单击下面两个图层的眼睛图标 👁，将它们隐藏。按Ctrl+T快捷键显示定界框，将图像旋转。

04 单击"图层"面板底部的 ▣ 按钮，添加蒙版。使用画笔工具 🖌 在变形金刚腿部涂抹黑色，将图像隐藏。

05 将该图层隐藏，然后选择并显示中间的图层。按Ctrl+T快捷键显示定界框，按住Ctrl键拖动控制点，对图像进行变形处理，按Enter键确认。

06 按D键，恢复为默认的前景色和背景色。执行"滤镜>素描>绘图笔"命令，将图像处理成为铅笔素描效果，再将图层的混合模式设置为"正片叠底"。

09 调整该图层的不透明度和混合模式。单击"图层"面板顶部的 ▦ 按钮，锁定透明区域。调整前景色（R:39，G:29，B:20），按Alt+Delete快捷键填色。

07 单击"图层"面板底部的 ◉ 按钮，添加蒙版。用画笔工具 ✐ 在变形金刚上半身以及遮挡住手指和铅笔的图像上涂抹黑色，将其隐藏起来。

08 将该图层隐藏，选择并显示最下面的变形金刚图层。对该图像进行适当扭曲。

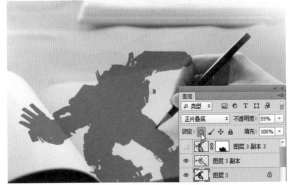

10 再单击 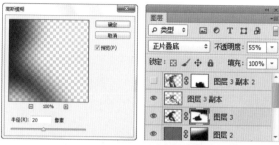 按钮，解除图层的锁定。执行"滤镜>模糊>高斯模糊"命令，让图像的边缘变得柔和，使之成为变形金刚的投影。为该图层添加蒙版，使用柔角画笔工具 🖌 修改蒙版，将下半边图像隐藏。

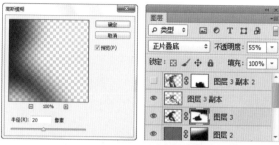

11 将上面的两个图层显示出来。单击"调整"面板中的  按钮，创建"曲线"调整图层，拖动曲线将图像调亮，将它移到面板的顶层。使用渐变工具 🔲 填充黑白线性渐变，对蒙版进行修改。

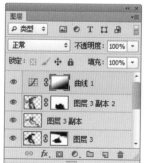

12 新建一个图层，设置混合模式为"柔光"，不透明度为60%。使用柔角画笔工具 🖌 在画面四周涂抹黑色，对边角进行加深处理。

28 绝对质感——鬼斧神工特效字

（精通阶段）

学习要点

学习目标：使用图层样式制作具有真实质感的金属特效字。
难易程度：★★★★☆
技术：文字、图层样式。
技巧：通过等高线来改变立体字的形状，为浮雕效果增添细节。
实例类别：特效字类。
素材位置：学习资源 / 素材 /28
效果位置：学习资源 / 效果 /28
视频位置：学习资源 / 视频 /28

PREVIEW

用 Photoshop 制作特效字是非常过瘾的一件事，因为金属、霓虹灯、玻璃、水滴等，只要我们能想到的质感，几乎都可以制作出来，并达到以假乱真的效果。制作特效字会用到很多功能，如滤镜、选区、图层、图层样式、通道等。因此，有时候看似简单的一个效果，制作过程中却要结合多种方法才可以实现，这对于我们提高 Photoshop 综合技术是非常有帮助的。

制作立体字

01 按Ctrl+O快捷键，打开一个素材。使用横排文字工具 **T** 在画面中单击并输入文字。

| ↕T | Arial | ▾ | Black | ▾ | 🇹T | 278.29 点 | ▾ |

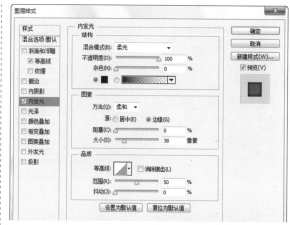

02 单击移动工具 ▸✛，结束文字的编辑，创建文字图层。双击该图层，打开"图层样式"对话框。在左侧列表中分别选择"投影""内发光"选项并设置参数，添加这两种效果。

03 选择"渐变叠加"选项，添加该效果，设置渐变颜色为黑白线性渐变。

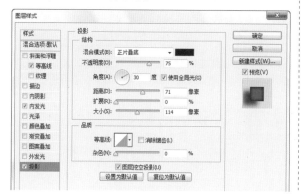

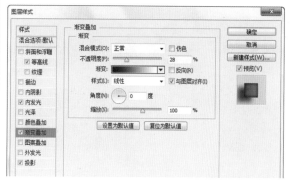

05 选择 "等高线" 选项并设定一种等高线，为立体字的表面添加更多的细节。

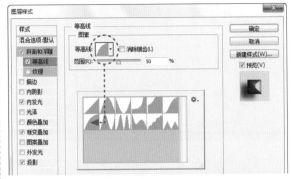

04 选择 "斜面和浮雕" 选项，让文字呈现立体效果，设定一种光泽等高线，以塑造高光形态。

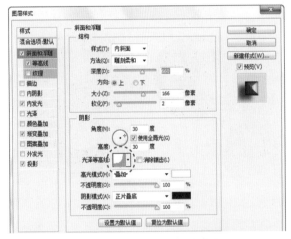

💡 提示

等高线是一个地理名词，它指的是地形图上高程相等的各个点连成的闭合曲线。Photoshop 中的等高线用来控制效果的形状，以模拟出不同的材质。我们除了可以使用预设的等高线样式，还可以根据需要调整等高线，操作方法是单击等高线缩览图，打开 "等高线编辑器" 进行编辑。这个对话框与 "曲线" 对话框十分相似，我们可以通过添加和移动控制点来改变等高线的形状。

在 "图层样式" 对话框中，"投影" "内阴影" "内发光" "外发光" "斜面和浮雕" "光泽" 等效果都包含等高线设置选项。创建投影和内阴影效果时，等高线可以改变投影的渐隐样式；创建发光效果时，等高线可以创建透明光环；创建斜面和浮雕效果时，等高线可以勾画在浮雕处理中被遮住的起伏、凹陷和凸起。

01 打开一个纹理素材，使用移动工具 ►+ 将其拖入文字文档中，生成"图层1"。

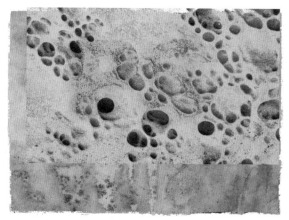

02 按Alt+Ctrl+G快捷键创建剪贴蒙版，将纹理图像的显示范围限定在文字区域内。

03 双击"图层1"，打开"图层样式"对话框。按住Alt键拖动"本图层"选项中的白色滑块，该滑块会分为两半，拖动时观察渐变条上方的数值，当出现"220"时放开鼠标，这样就可以将左半边滑块定位在色阶"220"处。此时的纹理素材中，色阶高于"220"的亮调图像会被隐藏起来，只留下深色图像。通过这种方法，我们就巧妙地为文字进行了贴图，使其呈现出斑驳的金属质感。

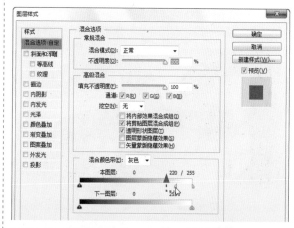

04 选择"PS"文字图层，单击"图层"面板底部的 ◻ 按钮，为它添加蒙版。

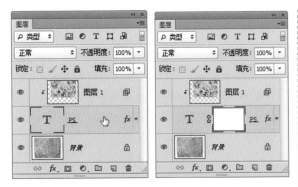

06 将前景色调整为灰色（R:141，G:141，B:141），
按 Alt+Delete 快捷键在蒙版中填色，按 Ctrl+D 快
捷键取消选择。

05 使用多边形套索工具 🔽 创建一条狭长的选区。
我们来为文字添加一个凹槽。

✎ 复制效果

01 选择"图层1"。使用横排文字工具 T 输入一
组文字（可以按Enter键来进行换行）。文字图
层会创建在"图层1"的上方。

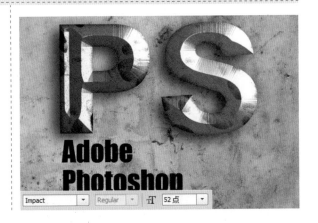

02 按住Alt键，将文字"PS"的效果图标 _fx._ 拖动到当前文字图层上，先放开鼠标，再放开Alt键，为当前图层复制效果。

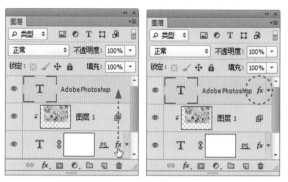

03 执行"图层>图层样式>缩放效果"命令，对效果进行缩放，使之与文字大小相匹配。

04 按住Alt键，将"图层1"拖动到当前文字层的上方，放开鼠标按键后可以复制出一个纹理图层。按Alt+Ctrl+G快捷键创建剪贴蒙版，为当前文字也应用纹理贴图。

05 使用直排文字工具 ↓T 在文字"P"的凹槽内输入一行小字。

06 按住Alt键，将"Adobe Photoshop"层的效果图标 fx. 拖动到当前层中，复制效果。

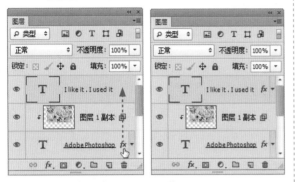

08 最后，可以适当添加一些文字和图形，让版面更加完美。

07 单击"调整"面板中的 按钮，创建"色阶"调整图层。拖动黑色的阴影滑块，增加图像色调的对比度，让金属质感更强、文字更加清晰。

29 美少女——鼠绘百分百

（精通阶段）

学习要点

学习目标：通过画笔工具、钢笔工具绘制动漫人物。
难易程度：★★★★★
技术：鼠绘技术。
技巧：将路径转换为选区，对路径进行描边、填充等操作。
实例类别：绘画类。
素材位置：学习资源/素材/29
效果位置：学习资源/效果/29
视频位置：学习资源/视频/29

PREVIEW

 1968年，伦敦举办的首届"计算机美术作品巡回展"宣告计算机美术已成为一门独特的艺术表现形式，并由此诞生了一种全新的绘画形式——电脑绘画。现在越来越多的画家、游戏业和影视业从业人员开始依赖数字手段进行绘画创作。下面就一起探索其中的奥秘吧！

基于轮廓填色

01 打开学习资源中的素材文件。这个文件中包含了动漫美少女形象的轮廓，即矢量图形，分别是"头发""线描""衣服""皮肤""五官"和"头发高光"。

02 单击"路径"面板中的"皮肤"路径层，在画
面中显示该路径。

03 新建一个图层，修改名称为"皮肤"。将前景色
设置为皮肤色（R246，G200，B185），单击"路
径"面板底部的 ● 按钮，用前景色填充路径区域。

绘制面部

01 按Ctrl+Enter键，将路径转换为选区。选择画笔工
具 ✎（柔角），绘制出面部的结构。

💡 提示 ------------------------------

设置前景色时，可以先使用吸管工具 ✎ 在皮肤上单击，拾取
皮肤色，然后单击工具箱中的前景色块，打开"拾色器"将颜色
调暗。按下［键（缩小）或］键（放大）可调整画笔大小。

02 单击"路径"面板中的衣服路径，将其选取。在
"图层"面板中新建一个名称为"衣服"的图
层。将前景色设置为白色，单击"路径"面板底部的
● 按钮，用前景色填充路径。

03 单击"五官"路径层。使用路径选择工具 ▶ 并
按住Shift键单击眼眉路径新建一个图层，选择
画笔工具 ✎（柔角5像素），单击"路径"面板底
部的 ○ 按钮，用画笔描边路径。

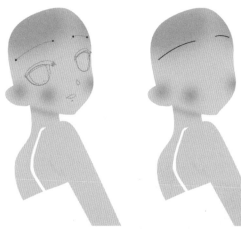

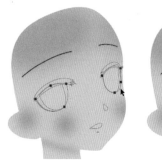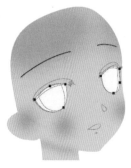

05 单击 ▦ 按钮，锁定该图层的透明区域。用画笔
工具 ✐（柔角）在眼睛上方涂抹深蓝色。

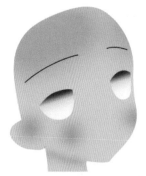

💡 提示

在"路径"面板的空白处（路径层下方）单击，可以隐藏路径。
单击"路径"面板中的路径层，可以在画面中显示路径；使用路
径选择工具 ▶ 选取需要编辑的路径，单击"路径"面板底部的
各个按钮，可以对其进行填充、描边或转换选区等操作。要修
改路径，则需要使用直接选择工具 ▷，通过移动锚点来改变路
径的形状。

06 单击"五官"路径层，显示五官路径。使用路径
选择工具 ▶ 并按住Shift键选取眼珠、眼线及睫
毛等路径。新建一个图层。将路径填充黑色。在"路
径"面板的空白处单击，取消路径的显示。

04 使用路径选择工具 ▶ 并按住Shift键选取眼睛路
径。将前景色设置为浅蓝色（R225，G244，
B255）。新建一个图层，单击"路径"面板底部的
● 按钮，用前景色填充路径区域。

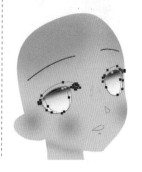

07 新建一个图层。选择椭圆选框工具 ⬭，按住 Shift键创建一个选区。选择渐变工具 ▭，单击径向渐变按钮 ▣，之后再单击 ▬▬▬ 按钮，打开 "渐变编辑器"对话框，调整渐变颜色。在选区内填充径向渐变。

08 按Ctrl+T快捷键，显示定界框，调整图像大小及角度，按Enter键确认。选择移动工具 ⊹，将光标放在选区内，按住Alt键并向右拖曳鼠标，将圆形复制到另一只眼睛上，用同样的方法调整大小。按 Ctrl+D快捷键取消选择。

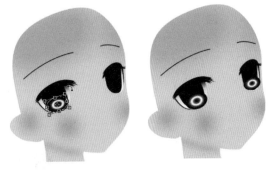

09 用橡皮擦工具 ▱ 擦除图形的上半部分。

10 将前景色设置为黄色。选择画笔工具 ✎ （柔角80 像素），在眼珠上绘制闪亮的反光效果。

11 设置画笔工具的不透明度为30%，在眼珠的右上方绘制反光。按] 键，将画笔的直径调小。设置不透明度为100%，在反光中心位置绘制白点。

12 单击"五官"路径层。选择路径选择工具 ，按住Shift键选取鼻子和嘴的路径，填充深粉色，绘制出鼻子的高光。

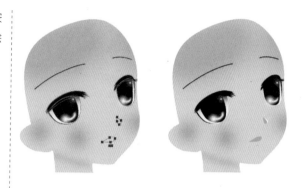

绘制头发

01 单击"头发"路径层。使用路径选择工具 选取路径，位于脸部后面的头发可稍后再制作。将前景色设置为深红色（R150、G45、B71），新建一个图层，单击"路径"面板底部的 按钮，用前景色填充路径。

02 单击"头发高光"路径层，在画面中显示路径。按Ctrl+Enter快捷键将路径转换为选区。

03 按Shift+F6快捷键，打开"羽化选区"对话框，设置羽化半径为5像素，在选区内填充白色，按Ctrl+D快捷键取消选择。

羽化选区对话框

04 设置该图层的混合模式为"柔光",不透明度为70%。

05 用橡皮擦工具 🩹(柔角)擦除图形的边缘。

06 选择"线描"路径。选择画笔工具 🖌,在画笔下拉面板中选择"硬边圆压力大小"画笔,设置笔尖大小为3像素。

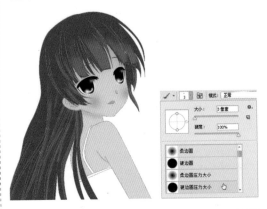

07 按住Alt键并单击"路径"面板底部的 ⭕ 按钮,打开"描边路径"对话框,在"工具"下拉列表中选择"画笔"选项,勾选"模拟压力"选项。单击"确定"按钮,用画笔描边路径,制作出发丝。

08 选择"硬边圆"画笔，设置笔尖大小为1像素。设置不透明度为50%，再次用画笔描边路径。发丝路径经过两次描边以后，线条会出现轻重和明暗变化，更接近手绘效果。

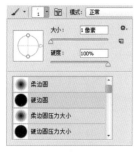

09 分别在新建的图层中绘制出后面和前面飞扬起的头发。

10 打开学习资源中的素材文件，将背景拖到文档中的美少女下方，将光晕素材放在上方。

分享我的技巧：制作网点纸效果动漫美少女

网点纸也叫网纸，是漫画作品中常用的材料，主要用来做阴影效果，以及闪电效果、梦幻效果等特殊效果。

用 Photoshop 制作网点需先将图像转换为黑白效果。单击"调整"面板中的 ▣ 按钮，创建"黑白"调整图层，即可将图像转换为黑白效果。

新建一个图层，填充白色。执行"滤镜 > 滤镜库"命令，单击"素描"滤镜组前的 ▷ 按钮，展开滤镜组，选择"半调图案"滤镜并设置参数。

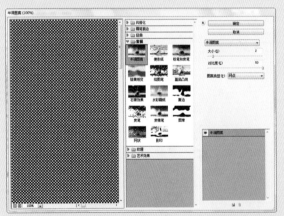

执行"滤镜 > 其它 > 最大值"命令，扩展画面中的白色区域。单击"通道"面板底部的 ⬭ 按钮，将通道作为选区载入，按 Delete 键以删除选区内的图像，即白色的区域，按 Ctrl+D 快捷键，取消选择。

按住 Ctrl+Shift 键并逐一单击"图层"面板中头发图层的缩览图，将头发的选区全部载入。单击 ▣ 按钮，基于选区创建蒙版，将头发以外的网点隐藏。

之后还要在鼻子、嘴和衣服的阴影处表现出网点，来刻画人物的明暗细节。使用多边形套索工具 ♥ 创建选区，填充白色（蒙版中的白色区域为显示的范围）。

30 爱丽丝漫游记——再现魔幻世界

（精通阶段）

PREVIEW

《爱丽丝漫游记》是世界十大哲理童话之一。它讲的是小姑娘爱丽丝为了追赶一只会说话的小白兔，钻进兔洞，坠入一个奇妙的地下世界的故事。在这里，她只要喝点儿什么或是吃点儿什么，就会变得和大树一样大，或是和毛毛虫一样小。她还差点被自己的泪水淹死，并在大白兔的家里经历了一次惊心动魄的冒险，还遇到了动不动就要把别人的头砍掉的纸牌王后，参加了一次由十二只动物担任陪审员的糊里糊涂的审判……

本实例我们就来用Photoshop合成这样一个神奇的魔幻世界。影像合成的关键在于所有素材都要符合透视要求，而且影调和色彩也要搭配得当。

◎ 制作丛林和神秘城堡

0️⃣1️⃣ 按Ctrl+N快捷键，打开"新建"对话框，创建一个A4大小的文档。

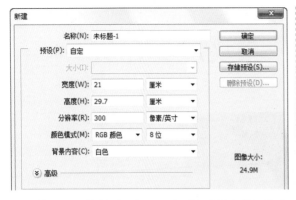

02 按Ctrl+O快捷键，打开一个PSD分层文件。该实例所使用的素材较多，我用图层组来管理它们，这是整理文件的好工具。展开最下面的图层组，选择"天空"图层。

04 将素材"丛林中的道路"拖入新建的文档中。

03 使用移动工具 ⊕ 将其拖入新建的文档中，将图像的上边对齐到画面顶部。按Ctrl+U快捷键打开"色相/饱和度"对话框，调整图像颜色。

05 单击"图层"面板底部的 ▣ 按钮，添加蒙版。使用渐变工具 ▣ 填充黑白线性渐变，将丛林上半部分遮盖，显示出下面图层的天空。

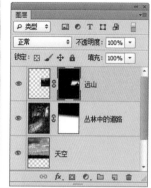

06 将素材"远山"拖入新建的文档中。按住Alt键单击"图层"面板底部的 按钮，添加反相的（黑色）蒙版，将远山图像全部遮盖起来。

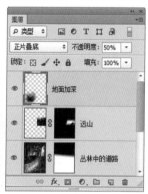

07 将前景色设置为白色，用柔角画笔工具 ✔ 涂抹，让山峰若隐若现。

08 单击"图层"面板底部的 ◻ 按钮，创建一个名称为"地面加深"的图层。设置它的混合模式为"正片叠底"，不透明度为50%。将前景色设置为黑色，在路面上涂抹，对道路的色调进行加深处理。

09 将素材"城堡"拖入新建的文档中。按住Alt键单击 按钮，添加反相的蒙版。

10 将前景色设置为白色，用柔角画笔工具 ✔ 将城堡涂抹出来。

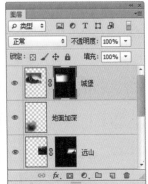

选择钢笔工具 ✎ ，在工具选项栏中选择"形状"选项，在城堡前面绘制一条小路。

将形状图层的混合模式设置为"叠加"，让小路与下面的草地混合。

13 将"藤蔓"素材拖入新建的文档中并适当旋转，设置该图层的混合模式为"强光"。按住Alt键单击 ▣ 按钮，添加反相的蒙版，再用画笔工具 ✎ 将藤蔓涂抹出来。

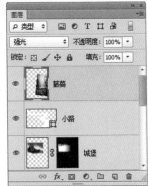

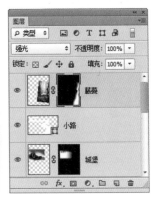

🖋 加入扑克牌、大树、兔子和蘑菇

01 按住Shift键单击"天空"层,将它与当前图层中间的所有图层都选中,按Ctrl+G快捷键编入一个组中。

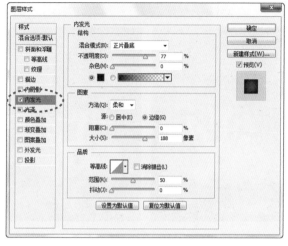

02 展开素材文档中的第2个图层组,选择"扑克牌"图层,将它拖入新建的文档中。

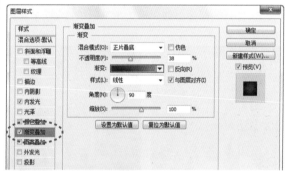

03 双击扑克牌图层,打开"图层样式"对话框,添加"内发光""渐变叠加"效果,为扑克牌着色,并使其影调变暗。

04 将素材"大白兔"拖入新建的文档中，放在画面左下角。用快速选择工具 🖌️ 选择兔子及它嘴巴下方的草地。

05 单击"图层"面板底部的 🔲 按钮添加蒙版，将选区外的图像隐藏。用柔角画笔工具 🖌️ 对兔子耳朵和草地进行修饰。

06 单击图像缩览图，结束蒙版的编辑，我们来调整兔子的颜色，让它与周围的环境相协调。按Ctrl+U快捷键，打开"色相/饱和度"对话框，先勾选"着色"选项，再拖动滑块进行调色。

07 执行"编辑>渐隐色相/饱和度"命令，打开"渐隐"对话框，修改"色相/饱和度"命令的混合模式和不透明度。

🐾 **技巧**："渐隐"命令的作用

使用调色命令、画笔工具、滤镜等编辑图像以后，可以用"编辑"菜单中的"渐隐"命令修改操作结果的不透明度和混合模式。需要注意的是，该命令必须在操作结束后马上执行，否则就不能使用了。

08 单击"图层"面板底部的 🔲 按钮，创建一个名称为"补光"的图层。将前景色设置为白色，选择渐变工具 🔲，按对称渐变按钮 🔲，选择前景色到透明渐变，按住Shift键拖动鼠标填充渐变颜色。

透明
白色
透明

09 修改"补光"图层的混合模式和不透明度，对天空进行补光。

10 将素材文档的"大蘑菇""蘑菇丛""大树"拖入新建的文档中。

按住Ctrl键单击各个图层，按Ctrl+G快捷键将各图层编入图层组中（名称为"组2"）。

🔍 将爱丽丝合成到场景中

01 将素材文档中的"爱丽丝"拖入新建的文档中。选择钢笔工具 🖋，在工具选项栏中选择"路径"选项，描摹出人物的轮廓。

02 按Ctrl+Enter快捷键，将路径转换为选区。单击"图层"面板底部的 🔲 按钮添加蒙版，将背景隐藏。

03 单击"图层"面板底部的 🔲 按钮，创建一个名称为"加深"的图层。将前景色设置为黑色，选择渐变工具 🔲 及前景色到透明渐变，在画面右下角单击并向斜上方拖动鼠标，填充渐变。

04 设置该图层的混合模式为"柔光"。按Alt+Ctrl+G快捷键创建剪贴蒙版，将该图层的显示区域控制在裙子范围内，这样可以将裙子底部的色调压暗。

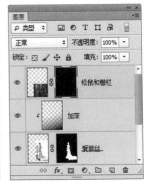

06 将前景色设置为白色，用柔角画笔工具 ✎ 将底部的栅栏和小松鼠涂出来。处理完以后，将这几个图层选中，按Ctrl+G快捷键编入图层组中。

05 将素材"松鼠和栅栏"拖入新建的文档中。按住Alt键单击 ◻ 按钮，添加反相的蒙版。

✐ 在场景中添加动物和道具

01 将素材中的"动物和道具"素材组拖入新建的文档中。

02 单击"图层"面板底部的 ◻ 按钮，创建一个名称为"光束"的图层。将前景色设置为白色，使用柔角画笔工具 ✎ 按住Shift键在天空和地面分别进行单击，两点之间会连成一条直线。

03 调整"光束"图层的混合模式和不透明度，通过补光，将人物右侧的图像照亮。

04 创建一个名称为"调暗"的图层。将前景色设置为黑色，选择渐变工具  及前景色到透明渐变。按数字键"4"，将工具的不透明度设置为40%，在画面底部填充渐变，将色调压暗。

考试啦！（代后记）

完成最后一个实例"爱丽丝漫游记——再现魔幻世界"之后，本书的学习就算告一段落啦，但这远非终点。Photoshop就像是一个巨大的宝藏，还有许多有趣的功能等待着我们去发现、探究。如果本书能够让你感觉到Photoshop不仅好学、好用，而且非常好玩，并由此而爱上Photoshop，那对我来说就是最大的欣慰了。

最后，我准备了一些试题，权且作为学习效果的一个小测验吧。此外，我还将有用的快捷键、疑问解答等整理出来与你分享。

1.运行 Photoshop 时，默认的暂存盘建立在哪里？
A 不建立暂存盘。
B 可在任何盘中建立暂存盘。
C 在系统的启动盘中建立暂存盘。
D 在磁盘空间最大的盘中建立暂存盘。

2.下面有关工具箱中前景色和背景色的描述哪种是正确的？
A 各种绘画工具所画出的线条颜色是由背景色确定的。
B 橡皮擦工具擦除后的颜色是由背景色确定的。
C 前景色和背景色切换的快捷键是字母键D。
D 默认的前景色和背景色是黑色和白色。

3.下面哪些特征是调整图层所拥有的？
A 调整图层用来对图像进行色彩编辑，但不会影响图像本身，而且可以随时删除。
B 调整图层可以设置混合模式，调整不透明度。
C 调整图层不能与前一图层创建剪贴蒙版。
D 任何一个"图像>调整"菜单中的命令都可以通过调整图层来应用。

4.为图层添加蒙版以后，如果要单独移动蒙版，应该怎样操作呢？
A 先单击蒙版缩览图，然后用移动工具就可以移动了。
B 先单击蒙版缩览图，然后执行"选择>全部"命令，再用移动工具拖动。
C 先单击图像与蒙版中的锁状图标，进行解锁，然后用移动工具拖动。
D 先单击图像与蒙版中的锁状图标，进行解锁，然后单击蒙版缩览图，再用移动工具拖动。

5.如果一个图层存在透明区域，要对其中的不透明区域进行填充该怎样操作？
A 可以直接通过快捷键进行填充。
B 将"图层"面板顶部的 ▧ 按钮按下，再进行填充。
C 透明区域不能被填充，所以不必在意。
D 在"填充"对话框中勾选"保留透明区域"选项。

6.对十一个已有图层蒙版的图层，如果再次单击添加蒙版按钮 ▣，则下列哪一项能够正确描述操作结果？
A 无任何结果。
B 将为当前图层添加一个矢量蒙版。
C 为当前图层增加一个与第一个蒙版相同的蒙版，从而使当前图层具有两个蒙版。
D 删除当前图层蒙版。

7.关于图层蒙版，下列哪种说法正确？
A 在蒙版上涂抹黑色，可以遮盖图像。
B 在蒙版上涂抹白色，图像就会显现出来。
C 在蒙版上涂抹灰色，图像就会呈现一定程度的透明效果。
D 图层蒙版一旦建立，就不能修改。

8.下面哪些是剪贴蒙版所具有的特征？
A 剪贴蒙版可以用一个图层控制其上方多个图层的显示范围。
B 只有上下相邻的图层才能创建剪贴蒙版。
C 剪贴蒙版与矢量蒙版类似，都与分辨率无关。
D 剪贴蒙版与图层蒙版类似，都受到分辨率的制约。

9.下列色彩模式中，哪种色域最广？
A Lab。 B RGB。 C CMYK。 D 索引颜色。

10.当打印纸不能将图像的全部画面打印出来时，下面哪种解决方法是正确的？
A 通过"图像大小"命令修改文件大小。
B 在"打印"对话框中选择"缩放以适合介质"选项。
C 在"打印"对话框中取消"图像居中"和"缩放以适合介质"选项的勾选，然后手动调整定界框来缩放图像。
D 换一台打印机。

答案

1(C)，2(B、D)，3(A、B)，4(D)，5(B、D)，6(B)，7(A、B、C)，8(A、B、D)，9(A)，10(A、B、C)。

超级好用的快捷键

■选区类 ▨文字类 ▨绘画类 ■图层类 ■其他类

快捷键可是提高效率的好帮手，它还能让我们的操作看上去更专业、更帅气。不过，Photoshop中几乎每个工具和命令都有快捷

键，实在是多如牛毛。下面表格中是我筛选的比较好用的快捷键。花点时间记住它们，你会发现不只是效率提高了，就连手指、手腕也轻松多了。

No.	功能描述	操作方法
1	选区	全选：Ctrl+A快捷键；反选：Shift+Ctrl+I快捷键；取消选择：Ctrl+D快捷键；羽化：Shift+F6快捷键
2	选区运算	如果图像中已有选区，则使用选框、套索、魔棒等工具继续创建选区时，按住Shift键操作可进行相加运算；按住Alt键可进行相减运算；按住Shift+Alt键可进行相交运算
3	调整文字大小	选取文字以后，按住Shift+Ctrl键并连续按>键，能够以2点为增量将文字调大；按Shift+Ctrl+<键，则以2点为增量将文字调小
4	调整字间距	选取文字以后，按住Alt键并连续按→键可以增加字间距；按Alt+←键，则减小字间距
5	调整行间距	选取多行文字以后，按住Alt键并连续按↑键可以增加行间距；按Alt+↓键，则减小行间距
6	前景色、背景色	按X键可以互换前景色和背景色，当使用画笔工具修改蒙版时，该快捷键非常有用。按D键可以恢复为默认的前景色（黑）和背景色（白）
7	填色	按Alt+Delete键可以填充前景色，按Ctrl+Delete键可填充背景色。该操作也可用于修改文字和矢量形状的颜色
8	调整画笔尺寸和硬度	使用绘画工具时，按住Ctrl+Alt键，单击鼠标右键（不要放开按键）并向左/右侧拖动鼠标，可以将画笔尺寸调大或调小；上/下拖动鼠标则可以调整画笔的硬度
9	调整不透明度	选择图层以后，按数字键就可以调整它的不透明度。例如，1代表10%，25代表25%，0代表100%。如果当前使用的是绘画工具，则该快捷键可以调整工具的不透明度
10	设置当前图层	选一个图层以后，按Alt+]键，可以将它上方的图层设置为当前图层；按Alt+[键，则可将它下方的图层设置为当前图层
11	调整图层顺序	选择一个图层以后，按Ctrl+]键，可以将它向上移动一个堆叠顺序；按Ctrl+[键，可向下移动一个堆叠顺序。按Shift+Ctrl+]键/Shift+Ctrl+[键，则可将其调整到最顶层/最底层
12	调整图层的混合模式	选择一个图层以后，按Alt+Shift++键或Alt+Shift+-键，可以切换图层的混合模式
13	合并图层	按Ctrl+E快捷键，可以将当前图层与它下面的图层合并，该快捷键也可以用于合并选中的两个或者多个图层（这些图层不必相邻）。按Alt+Shift+Ctrl+E键，则可以将当前图像效果盖印到一个新的图层中，原有图层保持不变
14	复位对话框参数	打开一个对话框（如"曲线""滤镜库"）并调整参数后，按住Alt键并单击"复位"按钮，可以将参数恢复为默认值。如果按Esc键，则会关闭对话框
15	隐藏面板	按Tab键可以快速隐藏工具选项栏和所有面板，再次按Tab键就可重新显示它们。按Shift+Tab键，可以只隐藏或显示面板
16	鸟瞰视图	将窗口放大以后，只能看到部分图像，这时按住H键并单击画布，可以快速预览全图并出现一个黑色矩形框，将矩形框移动到想要查看的图像区域上，然后放开鼠标，就可以跳转到这一区域

疑问解答

⬜ 工作实践类问题　⬛ 软件操作类问题　⬜ 插件类问题

 在过去几年间，我与读者沟通时积累了许多初学者关注和容易产生困惑的问题，我整理并筛选了一些典型问题列在下面的表格内，希望能够对大家有所帮助。也许这里面就有你苦苦寻找的答案呢。

No.	问题	解答
1	我以后想要从事设计工作，不知用PC学好呢，还是用Mac好？	PC的优势是价格低，软件丰富，适合家庭和个人使用。Mac（苹果机）运行稳定，色彩还原准确，更接近于印刷色，大的广告和设计公司都用Mac，不过就是价格有点高。在软件的操作上，PC和Mac没有太大差别，只是按键的标识有些不同而已
2	我喜欢摄影，对数码后期很感兴趣，重点应关注Photoshop的哪些功能？	Photoshop体系很庞大，如果只用它做照片后期，有些功能是完全可以舍弃的。我建议重点关注色彩部分，即"图像>调整"菜单中的命令、调整图层、直方图、通道、图层蒙版、抠图等也必须掌握。此外，最好花些工夫研究一下Camera Raw，它能解决照片的多数问题
3	我开了个网店，想给商品换漂亮的背景，感觉抠图挺难的，有没有简单一点的学习方法？	学任何东西都没有捷径可走。不过，如果短期内无法掌握这门技术，也可以先用抠图插件过渡一下，像"抽出"滤镜、Knockout、Mask Pro等都挺不错的，操作方法简单，效果也很棒。但如果要对图像做更加精细的处理，如制作成服装杂志封面等，还是得用Photoshop的路径、通道等来抠图
4	我在影楼从事修图工作，给人像照片磨皮既烦琐也很枯燥，有没有好方法？	办法有两个，一是用Photoshop动作将磨皮过程录制下来，然后就可以用这个动作对其他照片进行自动磨皮（如果照片数量多，可以用批处理）。另外一个方法是用磨皮插件，如Kodak、Neat Image、Imagenomic-Noiseware-Professional等，它们可以让磨皮变得非常简单
5	为什么我的Photoshop CS6里没有3D菜单呢？	Photoshop CS6有两个版本，标准版里没有3D功能，你安装的应该就是这种。另一种是扩展版Photoshop CS6 Extended，它包含3D、动画、图像分析等功能
6	我的旋转视图工具不能使用，提示说"仅适用于已启用OpenGL的文档窗口"。	执行"编辑>首选项>性能"命令，在打开的对话框中勾选"使用图形处理器"选项就可以了。启用该功能后，还可以使用像素网格、取样环，并且缩放视图时会更加平滑，编辑3D模型时也更加顺畅
7	工具箱、面板被我挪得乱七八糟。怎样将它们恢复到默认位置呀？	执行"窗口>工作区>复位"命令就可以了
8	我想在图层蒙版上绘画，可总是绘制到图像上，这是什么原因呢？	这是由于你无意间单击了图像缩览图，使编辑状态从蒙版转移到了图像上。你只要单击蒙版缩览图就行了
9	我想为"背景"图层添加蒙版，可图层蒙版按钮无法按下。	"背景"图层比较特殊，它不仅无法添加蒙版，也不能添加图层样式、调整不透明度和混合模式。但我们可以按住Alt键双击它，先将其转换为普通图层，之后就可以应用这些操作了
10	JPEG格式能存储图层和通道吗？	不行，JPEG格式只能存储路径。要保存图层和通道应该使用PSD或TIFF格式
11	专色通道是用来做什么的？	它用来存储专色。专色一般是指特殊的预混油墨，如金银色油墨、荧光油墨等。也可以是普通油墨，如大公司的徽标都有一定的使用规范，因而多采用PANTONE颜色系统中的专色
12	用Illustrator绘制的矢量图形可以导入Photoshop中吗？	可以的。在Illustrator中选择图形，按Ctrl+C快捷键复制，切换到Photoshop中，按Ctrl+V快捷键粘贴，这时会弹出一个对话框，选择"路径"选项就能将路径导入了

资源与支持

本书由"数艺设"出品，"数艺设"社区平台（www.shuyishe.com）为您提供后续服务。

配套资源

全书实例的素材文件和效果文件

在线教学视频

附赠的学习资料和资源库

资源获取请扫码

"数艺设"社区平台，为艺术设计从业者提供专业的教育产品。

与我们联系

我们的联系邮箱是 szys@ptpress.com.cn。如果您对本书有任何疑问或建议，请您发邮件给我们，并请在邮件标题中注明本书书名及 ISBN，以便我们更高效地做出反馈。

如果您有兴趣出版图书、录制教学课程，或者参与技术审校等工作，可以发邮件给我们；有意出版图书的作者也可以到"数艺设"社区平台在线投稿（直接访问 www.shuyishe.com 即可）。如果学校、培训机构或企业想批量购买本书或"数艺设"出版的其他图书，也可以发邮件联系我们。

如果您在网上发现针对"数艺设"出品图书的各种形式的盗版行为，包括对图书全部或部分内容的非授权传播，请您将怀疑有侵权行为的链接通过邮件发给我们。您的这一举动是对作者权益的保护，也是我们持续为您提供有价值的内容的动力之源。

关于"数艺设"

人民邮电出版社有限公司旗下品牌"数艺设"，专注于专业艺术设计类图书出版，为艺术设计从业者提供专业的图书、U书、课程等教育产品。出版领域涉及平面、三维、影视、摄影与后期等数字艺术门类，字体设计、品牌设计、色彩设计等设计理论与应用门类，UI设计、电商设计、新媒体设计、游戏设计、交互设计、原型设计等互联网设计门类，环艺设计手绘、插画设计手绘、工业设计手绘等设计手绘门类。更多服务请访问"数艺设"社区平台www.shuyishe.com。我们将提供及时、准确、专业的学习服务。